特别感谢为本书提供
精彩案例的金融专家和理财顾问

郭佳彬　李彤嘉　刘干霄　刘莹　卢嫄　鲁轶楠　齐慧珺　石晶

吴荣　杨柳　苑鹏　张民　张福生　张鹏　张秋红　庄旻娟

（按姓氏首字母排序）

中国家庭24个理财样板间

北京为开企业管理咨询有限公司 组编

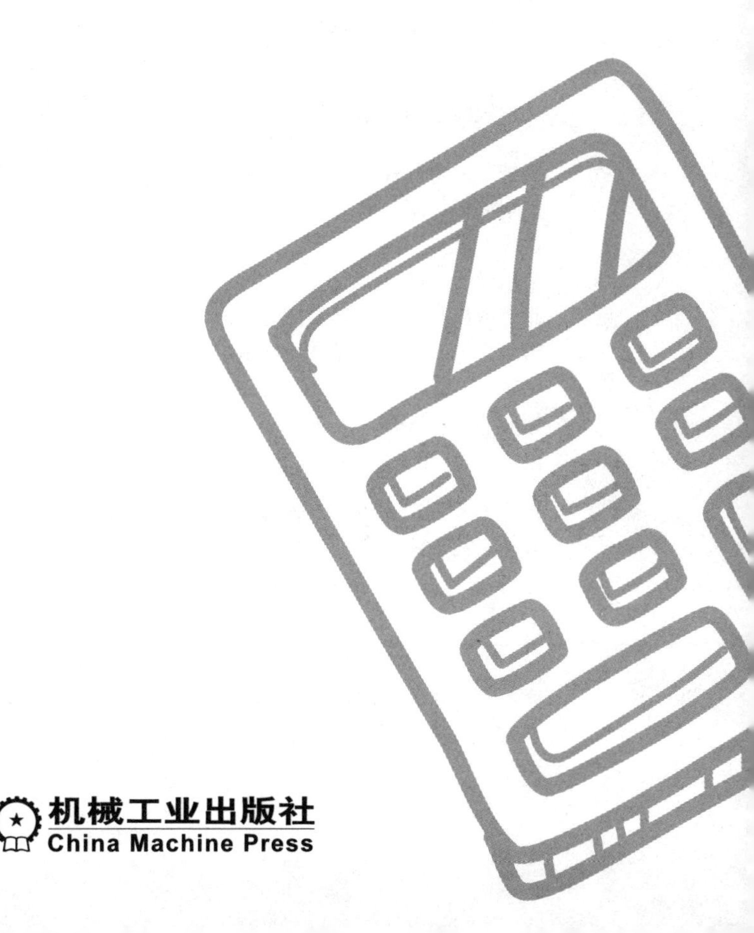

机械工业出版社
China Machine Press

工资中扣掉的医疗保险够“保险”吗？万一家人得了重病没钱医治怎么办？

办了好几张信用卡，为什么反而变成“挖东墙补西墙”入不敷出了？

既不是官二代也不是富二代，如何保证孩子快乐无忧地成长？

一番打拼，终于累积起的财富，做什么投资才能保值升值？

创一代怎样才能如愿顺利实现财富传承？

在日常家庭生活方面，有许多诸如此类的事情需要操心，其实归根结底，这些都属于“理财”问题。管理好了家庭财富，生活安排才能得心应手。本书以医疗、保障、置业、现金、养老、教育、传承、投资八个篇章多角度探讨家庭理财，用24个典型家庭的小故事详细介绍了要怎样理财才能让家人得到全方位的保障，让家庭财富保值增值，让家庭生活幸福美满。

本书适合关注家庭财富管理的中产以上阶层阅读，也可以成为家庭理财顾问的有益借鉴。

图书在版编目（CIP）数据

中国家庭24个理财样板间/北京为开企业管理咨询有限公司组编. —北京：机械工业出版社，2014.10（2015.6重印）

（为开智库丛书）

ISBN 978-7-111-48152-2

Ⅰ.①中… Ⅱ.①北… Ⅲ.①家庭管理－财务管理－基本知识 Ⅳ.①TS976.15

中国版本图书馆CIP数据核字(2014)第227176号

机械工业出版社（北京市西城区百万庄大街22号　邮政编码100037）

策划编辑　康会欣

责任编辑　雅　倩

装帧设计　胡　畔

北京宝昌彩色印刷有限公司印刷

2015年6月第1版第2次印刷

165mm×235mm·10.5印张·127千字

标准书号：ISBN 978-7-111-48152-2

定价：37.00元

凡购本书，如有缺页、倒页、脱页，由本社发行部调换

电话服务

社服务中心：（010）88361066

销售一部：（010）68326294

销售二部：（010）88379649

读者购书热线：（010）88379203

网络服务

教材网：http://www.cmpedu.com

机工官网：http://www.cmpbook.com

机工官博：http://weibo.com/cmp1952

把理论转化为实战的大胆尝试

经由为开企管于彤先生的推荐,我阅读了《中国家庭24个理财样板间》一书。这本书通过24个简单生动的生活案例,全方位展现了中国家庭的理财生活。书中针对不同的家庭结构、人群和理财需求,做了清晰的结构性描述,为家庭理财提供了可直接参考的、特色鲜明的24个"样板间"。这是一次非常有益的理论实践。作为一名有几十年经历的金融从业者,我非常乐见这样实用性的书籍能够与大家见面,故欣然作序,不妥之处望大家予以指正。

作为一个大半辈子与书为伍的人,我深刻体认到书籍对人类社会的影响之重大。即便是当下的互联网时代,对于知识的传递,书籍也仍旧发挥着重要的作用。宋真宗赵恒的《励学篇》提到,"书中自有千钟粟""书中自有黄金屋""书中自有颜如玉"。改革开放三十多年来,亚当·斯密的《国富论》、大卫·李嘉图的《政治经济学及赋税原理》、戴尔·卡耐基的《人性的弱点》、史蒂芬·柯维的《高效能人士的七个习惯》等著作无不深刻影响着我国的产、官、学等各个社会层面。但随着互联网的普及,阅读习惯及读者族群的变化也越来越大,书籍作为重要的学习媒介,也在与时俱进,轻阅读的学习体验越来越有取代那些大部头理论书籍的趋势。这本书就是如此,应该算作专业理财类书籍的一次大胆的探索尝试。

改革开放以来，民间财富的积累伴随着我国经济的繁荣迅速增长，我们的理财方式也从过去的“存折”时代进入到复杂多样的金融理财时代。但是，任何事物的发展都具有两面性，基于财富创造、财富保全、财富传承的知识和技术，需要精通、涉猎银行、保险、证券、基金、信托、房产等行业的各种金融工具和知识，很多金融从业者都是管中窥豹，略懂一二，更遑论大多仅对金融一知半解的消费者了，他们又如何能具有厘清理财真貌的能力？

为开企管受人们购新房皆要参观样板间的经验启发，以金融一线从业者的实战案例为内容，通过样板间的形式，把复杂的理论转化为直观实用的操作工具。虽然书中对有些案例的解决方案描述略显简单和粗糙，但瑕不掩瑜，这种创新学习体验理财的方法着实可以成为有志于从事专业理财的有识之士有价值的借鉴和参考。

金融行业的本质是自利利他，理财只不过是一种手段，最终的梦想都是实现人生的幸福圆满。让每一位金融从业者都能从专业出发，为自己、为行业和社会、为这个时代留下一点印记，奉献一些让社会前进的正能量！

我想，这也是为开企管出版《中国家庭24个理财样板间》的价值所在。

平安金融培训学院前院长

中领国际管理咨询有限公司董事长

家庭必备的专业理财药方

理财师是一个实践性很强的职业,他们给客户做理财规划就像医生给病人治病一样,要经过一个问诊、检查、确诊、对症下药、治疗、回访等步骤构成的疗程。所以,理财师要想为客户制订一个合理的理财规划,必须具备以下专业能力:首先,理财师应该能够通过与客户的交流收集客户的信息,同时也要了解有关的经济形势、金融市场状况以及可以使用的金融工具、产品和服务等信息;其次,理财师要根据客户提供的情况并结合自己的分析、诊断,确定客户真正需要解决的问题,然后根据这些问题提出解决方案和建议。这其实就像是大夫给病人开了一个处方,这个处方能否真正解决客户的问题,还需要通过方案实施来检验。

那么,理财师很专业地把这样一个过程执行好,才可以称作具备了基本的专业素养。概括起来,这种专业素养应该由三部分构成:第一,他必须通过系统地学习或培训,熟练掌握理财方面的专业知识,这些专业知识包括与理财相关的经济、金融、法律、税务、心理学、社保等,以及一些数理统计、计算机方面的工具类知识;第二,他必须通过训练和经验来积累专业技能,这些技能包括道德判断力、沟通能力、执行能力和认知能力;第三,他必须具备收集、分析和综合信息的工作能力。

本书就是由一些具备了以上专业素养的理财师,为客户提出的各种各样的理财问题做出专业诊断后开出的理财药方。这是一本很好的理财实践的案例教科书。

近十年来，金融市场与理财需求都在突飞猛进发展，但真正具备专业能力又能够真正以客户为中心的理财师在市场上还非常缺乏。金融机构大多是从卖方角度推销自己的产品和服务，与老百姓的利益造成冲突，很难真正站在客户角度帮助客户解决问题和挑选产品。同时，老百姓由于自身知识水平和经验的不足，很难对这些产品和服务形成判断，甚至经常会有被欺骗的感觉或经历。即使他们想要通过学习提升自己的理财能力，也很难在市场上找到合适的书籍，找到正确的方法和理想的专家。不难发现，金融理财类书籍通常都是理论性太强，实务操作性太弱。而这本书正好在这方面填补了空白。它的特点是立足于理财规划 8 个方面的内容：医疗、保障、置业、现金、养老、教育、传承、投资，梳理出了 24 个可以活学活用的案例，很容易让读者就自己的问题对号入座，找到跟自己家庭类似的问题，了解解决问题的思路和方案。它的实战性和实操性都非常强，是一本直面问题且解决问题、生动又实用、相当值得一读的关于家庭理财规划的参考书和工具书。

国际金融理财标准委员会中国专家委员会原秘书长

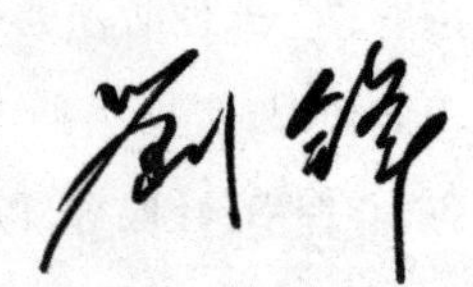

财富为人服务

随着家庭财富的快速增长，我国中产阶层和高净值人群数量持续扩大，人们的理财需求日益增加。从最初只关注财富增长，到现在的财产保护和财富传承，人们对于家庭理财日益显现多样化的需求。

懂得赚钱未必能成功地保有财富。面对复杂的经济环境，五花八门的金融工具纷纷涌现：房产、股票、基金、保险、信托、外汇、贵金属以及互联网金融等不一而足，我们是否了解这些金融工具的特性？又如何根据其风险属性对财富进行合理配置？

《阿含经》对于家庭支出做了个概括："一施悲和敬，二储不时需，三分营生业，四分生活用。"其实，支出比例如何分配因人而异，但我们都懂得"鸡蛋不能放在同一个篮子里"的经济学原理。

理财的根本其实是生活规划。我们在购买理财产品或是规划家庭财务之前，有很多问题必须思考清楚。例如，疾病、伤残甚至死亡风险的发生都会在一定程度上给家庭带来负担，如何规避风险？如何借助社会保险和商业保险为家庭构建财富的防火墙？如何善用储蓄为子女成长做好教育金规划？面对未知的政策性风险，高收入人群如何选择海外投资和置业？林林总总，都是值得探讨的理财话题。

金融理财规划是一个相对复杂的知识体系，即便是金融从业者也需要花费大量的时间学习相关知识，并且需要密切关注当前经济市场，了解金融发展趋势。在这个全民理财的时代，面对五花八门的金融工具和产品，普通人需要一本简单的读物，通过轻松有趣的阅读，学会理财规划的基本知识，掌握财富管理的基础方法和技巧。此后，再借助专业理财顾问的帮助，大家就能轻松快捷地管理家庭财务，实现高品质的生活目标。

为开企管联手机械工业出版社，在国人最关注的子女教育、养老保障、医疗保险等八个方面潜心研究，邀请了十余位活跃在一线的理财规划师，将他们丰富的实务经验通过理财案例的形式编撰成集。一个个生动而典型的案例如同理财“设计师”为不同家庭精心设计的“样板间”，对银行、证券、保险、信托等各类金融机构及其金融产品逐个剖析，从而使读者能结合自身的情况对号入座，迅速找到适合自己家庭现状的理财方法和工具。相信本书这24个精选案例一定能够成为广大读者的理财指南，为每个中国家庭带来有益的借鉴。

理财以幸福生活为出发点，让财富为人服务！

为开智库丛书主编

目录

现金篇

养老篇

教育篇

传承篇

投资篇

医疗篇

随着社会的发展，人们的生活水平越来越高，但工作和生活的压力也越来越大，我们的身体正面临着越来越多种疾病的侵扰。医疗技术的发展令很多在过去被视为不治之症的疾病现在也可以治愈，但随之而来的，是日益上涨的医疗费用和稀缺的医疗资源。

我国作为发展中国家，人口众多、区域经济发展不平衡等现实问题导致医保条件和范围先天性不足，正如朱镕基担任总理时所说，我国的社保只是低水平的保，而不是包，实际上我们是包不起的。因此，如何解决看病难、看病贵的问题就成了人们所关注的民生焦点。

如果生病时，一个电话就能挂号，让医生等着我们，而不用去喧嚣的大厅排长队该有多好！如果生病时，无论是吃国产药还是进口药，一分钱都不用花，还能住单间该有多好！

01

品质医疗轻松享

能够让家人享受高品质的医疗服务，生个小病也幸福。

医疗问题是中国普通老百姓最关心、最头疼的难题之一，主要原因有三个方面：一是就医环境差，排队难、挂号难、交费难、取药难等难题伴随着看病就医的全过程；二是医疗费用持续走高，社保报销额度有限，患者负担重；三是医患关系持续恶化，品质服务难求。

俗话说，方法总比问题多。对于上述问题，有较好的解决方法吗？

L 女士今年 35 岁，已婚，儿子刚满 5 岁。L 女士和先生在同一家公司担任不同部门的高管，收入稳步增长，事业蒸蒸日上。伴随着家庭的成长和社会的发展，越来越多的生活问题成为 L 女士全家的话题，其中就包括被人们频频谈起的房价居高不下、养老越来越难和医疗让人头疼等问题。房子，结婚时双方父母已经帮忙解决了婚房，后来夫妻俩的收入不错，小房子早就换成大的了；养老，离他们夫妻还有些远；可这医疗却没办法，人时不时会生病，得了病总得去医院，不能因为看病难就不看病呀！

L 女士全家的年收入在 50 万元左右，夫妻二人均有社保和公司提供的医疗补充保险。但现有的社保和医疗补充保险只可用于公立医院，L 女士希望可以去私立医院或者公立医院的特需、国际部就医，提升医疗品质，在这些医疗机构的就医费用全部都得自费。L 女士更为关注的是儿子的医疗问题。从儿子出生到现在的几次就医经历让 L 女士和先生焦头烂额，从排队挂号到就医开药，每个环节都是对他们耐心极大的考验。L女士特别希望能给儿子提供更快速、便捷、高品质的就医条件，不想让儿子在生病就医的过程中再受到二次伤害。

偶然的一次机会，L女士认识了一位健康险公司的销售人员，得知该公司新推出一款高端医疗健康保险，主要针对客户在日常看病就医时的医疗费用报销。其产品特点是：

◇ 中国大陆范围内，所有具备正规医疗资质的机构包括公立医院、私立医院、正规诊所和社区医院等，都在报销的范围内。

◇ 该医疗保险年度最高报销额度为100万元，且不分社保报销范围内或范围外，只要是在报销额度内，医疗费用就全额报销。

◇ 该产品对接三甲医院的国际部、特需部和数家知名的私立医院，提供直接结算服务。举例来说，L女士如果自己投保了这份健康保险，选择特定的可以直接结算的医院进行就医，只需在就医前提供身份认证，接下来正常就医，就医结束时签字确认，整个就医过程就完成了。不需要提前交纳押金，也不需要自己垫付医疗费，全部费用由健康险公司和医院直接对接结算。

◇ 该健康险公司还为客户提供免费预约挂号服务，客户可以提前自行选择想要就诊的医院科室及医生。

L女士觉得这样的医疗服务非常适合自己，但同时她又有两个疑问：该保险的费用会不会很高？真正使用时会不会像宣传的那么便捷？通过进一步咨询L女士得知，高端医疗确实不便宜，根据年龄不同收费也不同，人均费用约合1万多元，但是5人以上可享受团体价，费用仅为原来的1/3。销售人员告诉她，正好还有两个家庭也打算购买，建议大家组团。L女士很激动，立刻为全家购买了这款高端健康医疗保险。

首次尝试高端医疗服务，是在购买保险不久之后儿子发烧就诊时。L女士选择了一家可以直接结算的私立医院。打电话预约挂号后，她按照客服人员提示，只携带了直接结算卡和身份证就陪儿子来到医院。由于儿子的病情并不严重，不需要住院，简单的门诊治疗并开药后，就结束了就医，全程时间很短也很顺利。L女士签了字就直接回家了，这让她觉得非常方便。大约两周后，L女士收到了儿子本次就医的费用清单，并附有剩余报销额度说明。第一次使用高端医疗保险就医的经历让L女士非常开心。第二次使用是L女士的先生由于突发胆囊炎需要住院治疗，这次L女士选择了某三甲医院的国际医疗部。先生住院6天，期间做了胆囊摘除手术，依然在结束时只需要先生签字就可以全额结算。这两次就医经历彻底改变了L女士和家人对就医的固有看法，他们根本没有想到看病住院可以如此顺畅、轻松。

案例评述

高端医疗服务是顺应社会的医疗发展推出的人性化服务，意在为中高净值人群提供高品质、便捷轻松的医疗服务。随着该服务在社会中的认知度越来越广，需求量越来越高，许多保险公司纷纷把服务对象扩展到了中产家庭。

高端医疗服务解决了传统意义上去医院看病的几大难题。

第一，挂号难。由于优质的医疗资源稀缺且主要集中在大城市，导致患者扎堆就医，加之黄牛党从中牟利，造成常为人诟病的一号难求现象。普通号尚且不易，专家号更是难上加难。而高端医疗服务提供免费为客户挂号的服务，可以按照个人意愿选择相应的医院、科室和医生，保险公司会根据客户的要求帮助他们预约挂号。

第二，报销低。大多数公司职员拥有的医疗保障仅限于社保和公司

医疗补充保险。这两者都有起付线和报销比例等限制，且社保明确划分了自费和公费的范围，自费部分需要个人全额承担医疗费。在实际医疗过程中，很多患者倾向于选择疗效更好的进口药，以期提升医疗效果，但多数此类药品都需自费，致使个人需要承担的费用较多，报销比例较低。而高端医疗服务没有起付线，突破了社保报销范围，根据产品不同，报销额度每年从几万元、几十万元乃至几百万元都有。客户可以根据自身的需求，选择相应额度的产品。

第三，服务差。医患关系恶劣是另外一个社会热点问题。公立医院由于每天患者多，医生看病时间长，所以引发了许多人对问诊时间短、服务态度差等的不满。购买高端医疗健康保险的客户，可享受三甲医院特需、国际部和知名私立医院的全额报销服务。此类机构医护人员专业水平和服务质量均较高，但由于收费费用也相应较高，导致就医人数相对较少，再加上高端医疗可以提前预约挂号等因素，就缓解了就医过程中的冲突，进而提升了客户在就医过程中享受的服务品质。

第四，手续复杂。随着医疗改革的推进，看病已经相对越来越简便，医保卡在一定程度上减少了报销环节，但提前垫付、事后报销等环节仍是必不可少的。高端医疗服务在特定医院内可以享受直接结算，无需任何费用自垫，减少了就医后冗长的报销过程。甚至有些高端医疗产品并不局限于中国大陆地区，还包括我国港澳台乃至其他国家或地区的医疗报销。

综上所述，高端医疗服务针对现在的医疗现状，在一定程度上为患者解决了就医的过程中挂号难、服务差、自付费用多等问题。当然，社保和公司补充医疗保险依然是L女士家庭的重要医疗报销工具之一，但高端医疗服务无疑对L女士和类似家庭的医疗品质提升发挥了十分积极的作用。

02

公务员如何建立完善的家庭保障

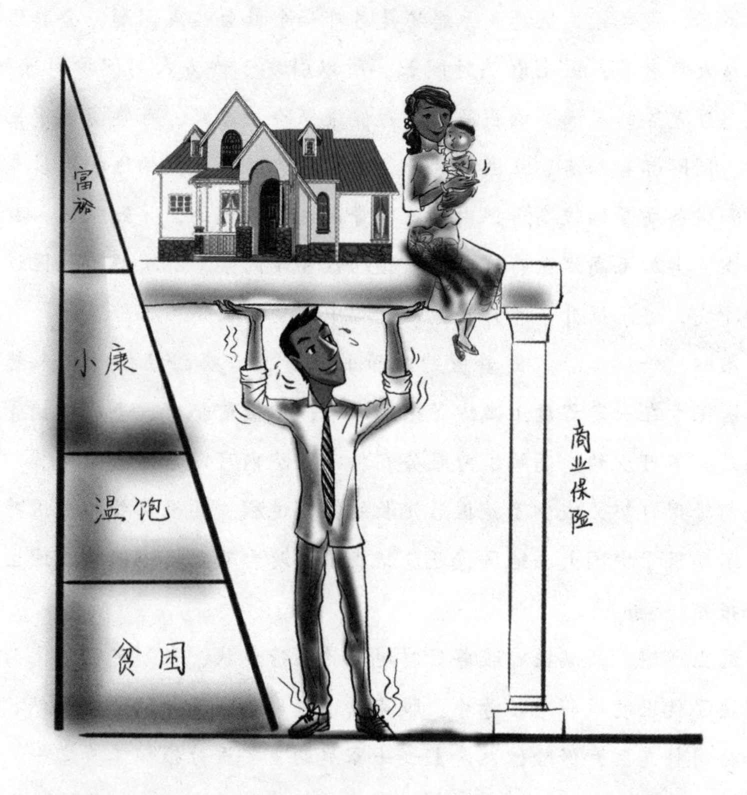

家人的生活品质，有您的支撑来保证。如果有一天，您不在了，您建立的支柱还在！

一说起商业保险，不少人尤其是公务员，觉得单位有良好的福利待遇和劳动保障，日子过得挺滋润的，有必要买保险吗？

其实，公务员买商业保险有两大理由：

第一，对家人负责。即使单位已经为我们提供了不错的保障，如社保和补充医疗保险等，对个人而言我们可能不再需要商业保险，但父母需要照顾，孩子需要呵护，家庭需要我们的收入来维持生活。社保只能报销风险发生后的医疗费用，但不能弥补我们一旦丧失工作能力而带来的收入缺口，也不能代替我们继续照顾家庭。商业保险的“利他性”此时就显得尤为重要。

第二，对自己负责。一个人无论有多大能耐，有两件事是他无法掌控的——疾病和意外事故。就拿重大疾病来说，虽说有医保，但医保不承担的部分所占比例相当高，加上其他隐性自费部分，一般会占到医疗总费用的50%左右。

张先生35岁，是一名国家公务员，年收入12万元。收入虽然不算高，但单位各项福利待遇都很好，特别是给他一家解决了住房，节省了一大笔家庭开销。他的家庭美满幸福，儿子4岁，爱人在事业单位从事人力资源工作，收入稳定，年薪8万元，福利待遇也不错。爱人的工作时间很固定，几乎不需要加班，单位离家也近，照顾孩子和家里很方便。张先生的父母还早早给孙子准备好了一套房子。可以说张先生一家衣食无忧。平时的支出除了报孩子的兴趣班，就是日常生活费、双方父母的赡养费、养车费以及一年一次的全家旅行费用，综合算下来，家庭月支出约8000元。张先生家的存款大约30万元，目前只进行了银行理财产品的配置，没有做其他投资。

这是一个典型的公务员“样本家庭”：分房、养车、无贷款，收入虽不是特别高，但福利待遇很好，生活安定从容。唯一让人担心的是隐性的不确定风险。对于像张先生这样的家庭来说，工资依然是最主要的收入来源。如果出现预料外的状况，小到工作变动，收入减少，大到自身发生意外、罹患重病，甚至身故，都将打破家庭目前相对稳定的状态，给家人和孩子造成重大经济困难。从家庭刚性支出来看，每月8000元生活支出，且随着孩子长大、生活品质的提高，家庭支出呈现逐年递增的趋势。如果发生风险导致收入中断，势必极大地影响正常生活。

可以肯定，全面的保障系统对于张先生一家来说十分重要。从既有保障来看，张先生夫妇都有基础社会医疗保险以及补充医疗保险，对于小的医疗费用，既有保障可以解决问题，但对于大的风险，如意外、大病、伤残或身故，既有保障就无法覆盖，存在缺口，需要通过商业保险来解决。

考虑到这些情况，张先生为全家购买了相应的商业医疗保险，以应对可能发生的变故。张先生家庭增加的保障计划见表1-1。

张先生全家每年所交保费总计约3万元，占目前家庭年收入的15%。他所购买的重疾保障相当于年收入的4倍多，身故保障相当于年收入12~15倍。同样，张先生的爱人的一份30万元重疾加意外保障将生命资产放大4倍。对于幼小的儿子来说，有这样一份高端医疗服务，不仅每年不需要再支付任何医疗费用，就诊环境、就诊体验也上升了几个层次。

表 1-1　张先生全家增加的保障计划

被保险人	保障种类	保额/万元	交费期/年	保障期/年	年交保费/万元
张先生	重疾	50	20	20	1.0
	定期寿险	100	20	20	0.5
张先生的爱人	重疾	30	20	终身	1.0
	意外	30	20	至 70 岁	
张先生的儿子	高端医疗	100	1	1	0.45

保险，就像家里的灭火器，虽不希望用到它，但必须准备。张先生做完家庭保障后，内心感觉到踏实和从容。因为无论未来怎样，他都能真正地担负起照顾家人的责任。

自 2000 年以来，公务人员公费医疗制度逐渐废止，取而代之的是公务员同企业职工一样，参加基本医疗保险。鉴于基本医疗保险的保障待遇与原公费医疗的保障待遇有较大差距，国家鼓励用人单位为职工建立补充医疗保险，力争“基本医疗保障水平降低但总体保障水平下降不多”。据此，国家建立了公务员医疗补充制度，构成公务员医疗保障制度的重要一部分。

而在实施过程中，医疗补助的经费来源和医疗补助经费的使用，面临着一些压力和问题，如与普通企业职工保障标准不一，形成新的社会不公；医疗费用控制困难，同时有转嫁和浪费的现象等。这势必倒逼公务员保障水平持续降低并将与企业职工一致。从近些年不断修改颁布的公务员保障制度不难看出，个人都需要承担一定的医疗费用比例，不再是100%报销。而对于比较严重的大病，自付比例会更高。

不管现行和未来公务员保障制度如何变化，一个家庭的风险保障系统应该包括如图1-1所示的几个方面。

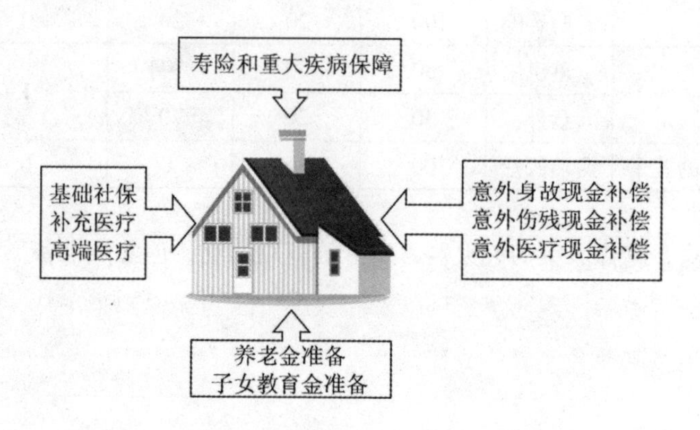

图1-1　家庭风险保障系统

从中可以清楚地看到，即使公务员在享受基础社会医疗保险的同时还享受补充医疗制度，但也仅是完整的风险保障系统的一小部分，还有很多方面需要完善，最主要的就是家庭责任准备金。

众所周知，保险最主要的功能是补偿经济损失。因此，按照补偿的方式可以将保险分成报销型和给付型两类。报销型只针对医疗费用支出的补充；而给付型不仅可作为医疗费用的补充，同时还能对由此带来的护理费用、营养费用以及误工费用（收入减少或中断）等经济损失进行补偿。如果单纯只有报销型保险，没有给付型保险，当意外、大病或伤残降临时，如家庭日常生活费、现有负债的偿还、应尽的家庭责任（赡养父母、抚养子女等）等方面支出都会受到很大影响。因此，对公务员这个特殊群体而言，即使足额报销的保障制度得以延续，家庭的保障体系依然存在不足。缺口主要在责任保额上，也就是保障个人对家庭的基础责任得以确认履行，而这部分需要靠商业保险中的意外险和大病医疗险来解决。

其实，理财不仅仅要关注眼前的现金流，还需要关注长达一生的现金流。理财既是现金流量的管理也是风险管理，由于未来的现金流具有极大的不确定性，只有平衡的现金流入和流出，才能保证家庭财务状况和生活品质的实现。

建立一个完整的家庭保障体系，给未来的安定生活撑起了一把保护伞。

03

未雨绸缪，如何规划重大疾病保障

保险，就是急用时的现金！

在2013年2月底的亚布力中国企业家论坛上，马云说："我们相信十年以后三大癌症——肝癌、肺癌、胃癌将会困扰中国每一个家庭。肝癌，很可能是因为水；肺癌，是因为空气；胃癌，是因为食物。30年前，没有多少人听说我们身边谁患了癌症，那时候癌症是个稀有名词，而今天癌症变成了一种常态。很多人问我，什么让你睡不着觉？阿里巴巴、淘宝从来没有让我睡不着觉，让我睡不着觉的是我们的水不能喝了，我们的食品不能吃了，我们的孩子不能喝牛奶了——这时候我真睡不着觉了。"

对于未来可能的灾难，我们可以未雨绸缪，提前规划。从家庭理财的角度来说，没有风险规划的家庭，就是财务裸奔。

Max先生将近50岁，精明能干，有一家运作良好的企业，住着别墅，开着豪车。于20世纪80年代取得高学历的Max先生，很早便下海经商。企业产品在欧美市场的成功开拓，给Max先生带来了不菲的财富。在东北老家的县城，Max是乡亲们的骄傲。

炎夏的一个下午，一位憔悴的中年妇女来到了Max的办公室。一进门，她便赶忙走上去，如同抓住最后一根救命稻草般，紧紧地握住了Max先生的手。Max先生先是一怔，定神一看，才认出眼前的是老家隔壁杨叔家的女儿小杨，只是十年不见，当年活力阳光的女孩竟然变得苍老憔悴了。

小杨一家都在东北的小县城，收入不高，但稳定踏实。由于消费水平较低，工作十年，夫妻俩也积攒下了一套房产，二十万元存款。他们有一个女儿刚满四岁，活泼可爱。俗话说，天有不测风云，人有旦夕祸福。半年前女儿突然被查出患了再生障碍性贫血，也就是大家常说的白血病。小杨夫妻直奔北京，完全没有大病保障的这家人变卖房产，倾其所有给女儿治病，夫妻两人也因为要照顾女儿双双辞职。然而银行储蓄的20万元，低价出售房产所得的30万元，还有从亲朋好友处借得的二十余万元，在短短半年时间中全部花完了。此次前来，他们已经走投无路，希望Max先生能伸出援助之手。

Max先生听完后，先是安抚小杨别着急，即刻拿出了2万元，再加上其他好心人资助，募集了资金十余万元。令人难过的是，这笔钱在短短的一个月时间里又花光了，而且最终也没能挽救这个可怜的小生命。在痛失爱女的同时，小杨一家还背上了二十余万元的债务。

这件事同样给Max先生非常大的触动，他想到，如果事情发生在自己身上会怎样。即使高昂的医疗费用负担得起，但手头没有那么多现金，估计得把市中心的两居室房子卖了，正在进行的一个工厂扩建和另两个计划中的项目可能也得搁置了。再想到儿子还在国外上学，太太是全职家庭主妇，还有银行贷款没还……这让Max先生有些不寒而栗。自己年近半百，事业有成，其实早就该考虑保障规划了，只是一直忙于事业，也就没太在意，但有谁能确定风险和明天哪个先到呢？

Max先生找到了一位资深风险规划师，为自己做了全面的大病保障规划。该规划首先能报销重大疾病产生的费用。不仅如此，在疾病康复治疗期间，直接或间接造成的生意上的损失，风险规划师也都为其做好了规划。

Max先生年收入200万元，是家中唯一的经济来源。太太全职在

家，两人生活费用每月3万元。儿子在美国留学，每年费用30万，距离毕业还有三年。双方父母均在老家，已经准备好了退休基金和医疗准备金，无需Max先生操心。此外，Max先生还有300余万元商业贷款。根据平均大病费用数据（见表1-2），除去社保报销部分，Max先生还有15万元缺口。按一般大病康复休养期5年计算，大病保额如下：

◇ 最低限（以覆盖支出额度计算）。

大病保额＝医疗费用缺口＋年支出×5＋负债＋责任额度（如子女教育、父母赡养等）

＝15万＋36万×5＋300万＋30万×3

＝585万。

◇ 足额保障（以收入损失计算）。

大病保额＝医疗费用缺口＋年收入×5＋负债＋责任额度（如子女教育、父母赡养等）

＝15万＋200万×5＋300万＋30万×3

＝1405万。

表1-2 常见重大疾病种类及参考治疗康复费用（2013年数据）

（单位：万元）

重大疾病种类	恶性肿瘤	急性心肌梗死	重大器官移植术或造血干细胞移植术	冠状动脉搭桥（或称冠状动脉旁路移植术）	心脏瓣膜手术	重型再生障碍性贫血	主动脉手术	终末期肾病（或称慢性肾衰竭尿毒症期）
参考治疗费用	12～50	10～30	20～50	10～30	10～25	15～40	8～20	10/年

考虑到目前的现金流问题，Max先生以最低限585万元保额标准执

行了该保障计划。这份计划可以保障有15万元用于未来的看病和定期检查，以及可能再次出现的手术费用；90万元用于支付儿子继续深造的费用；180万元用于5年康复及稳定期的家庭生活费用支出。不管生意如何，Max先生都不用担心家庭生活受到影响了。以前过什么日子，现在照样以这样的标准去生活，品质不受影响。还有300万元用于偿还贷款，即使无法全心投入项目及工厂扩建计划，他也完全不用担心因银行催交贷款而廉价处理资产或前期投入，从而造成更大损失。

对于很多工薪家庭而言，储蓄和投资是更为重要的事情。储蓄有限的他们，总是寄希望于有有限的"种子基金"快速富起来，而忽略了风险规划。当风险一旦来临，储蓄和投资以及可能产生的收益都将付之东流。

如何未雨绸缪？以小杨为例，只对她原有的20万元存款做不同的规划，结果会完全不同。让我们借助表1-3来看看各种可能吧。

表1-3　储蓄VS综合规划

状况	储蓄（20万元存银行）	综合规划（18万元存银行，2万元完善风险保障①）
平安无事	20万本金+利息	18万本金+利息，50万医疗应急金
小疾病	20万本金+利息－2万应急支出=18万本金+利息	18万本金+利息，50万医疗应急金 由医疗基金应对小疾病
重大疾病	20万本金+利息－15万以上应急支出=5万本金+利息或者负债	18万本金+利息，50万医疗应急金 由医疗基金覆盖重大疾病费用

① 家庭收入的10%～20%应用来完善风险规划。一般来说，保额低于收入的10%，保障额度不足；高于收入的20%，有可能影响当前生活。

完善风险规划并不是消费，而是为家庭理财补短板㊀。当储蓄和投资冲锋陷阵的时候，保险会做好防守。一旦风险来临，保险将雪中送炭，保证储蓄和投资的有效实施。所以说，要想家庭财富稳健地积累，必须全面、足额地完善风险规划。

㊀ 短板理论：短板理论又称“木桶原理”“水桶效应”。该理论由美国管理学家彼得提出：盛水的木桶是由许多块木板箍成的，盛水量也是由这些木板共同决定的。若其中一块木板很短，则盛水量就被短板所限制。这块短板就成了木桶盛水量的“限制因素”（或称“短板效应”）。

保障篇

《少有人走的路》一书开篇便道出了世界上最伟大的真理之一——人生苦难重重。它的伟大，在于只要我们真正理解并接受这一观点，就再也不会对人生的苦难耿耿于怀了。但这并不代表我们就可以任由苦难发生，相反，我们能够更好地认识和处理它。

在现实世界中，很多人的苦难都跟金钱有关，比如高额的医疗费用、由意外导致的收入中断、父母的赡养费、子女的教育经费、不断攀升的房价等。一份旨在弥补风险发生时造成经济损失的家庭保障计划，其本身虽然不能阻止风险的发生，也无法完全消除人的苦难，但可以在人生最艰难的时刻，给我们以有力的支持，帮助我们和家人共渡难关！

04

三口之家的保障计划

风险的发生虽然不能预料，但我们可以做到未雨绸缪，提前防御！

现代家庭多数是“421”模式，一对夫妻只有一个子女，同时还要照顾四位老人。小家庭的安稳，就是对父母和子女的保障。然而夫妻两人在工作、生活中都会面临形形色色的风险，如何规避风险，把家庭纳入安全的保障体系中，是每个家庭都必须考虑的现实。

刘女士今年38岁，与丈夫在同一家公司任职，两人有一个可爱的儿子，今年刚满5岁。

我们暂且把家庭分为几个阶段：新婚无子女家庭称为“形成期家庭”(年龄25~30岁)；已生育子女家庭称为“成长型家庭”（年龄30~50岁)；子女已成人，夫妻双方各方面都很稳定的家庭称之为“成熟型家庭”（年龄50岁以上)。

刘女士家庭是典型的成长型家庭，夫妻俩的生活已经处于小康阶段，正在通过自己的努力，提升生活品质。她希望能够利用保险产品来应对家庭中的风险因素，建立比较科学的风险管理体系，在风险发生时，不至于影响原有的生活。

通过深入交流，我们发现刘女士形成了自己的风险管理理念。

第一，她很关注夫妻双方的意外保险。因为双方的父母年龄已大，如果刘女士和丈夫发生意外，父母没有经济能力抚养和教育儿子，所以她希望给自己和丈夫购买高额的意外保险，如果发生意外身故，保险公

司就能赔付高额现金，帮助父母渡过难关。另外，如果夫妻之间任何一方发生意外，另一方很有可能面临再婚的选择。这时，父母如果有相应的经济补偿，也可以协助另一方抚养孩子。

第二，她还关注家庭的重大疾病保险。刘女士平常比较关注新闻报道，食物、水和空气的污染以及身边越来越多真实的重疾案例让她不得不重视自己和丈夫的重疾问题。考虑到公司提供基础的社保和商业补充医疗保险只能顾及到普通疾病的费用，但真正发生重疾时，高额的医疗费用中很大一部分都需要自己承担。而且，当发生重疾风险时，工作肯定会中断，收入也随之减少。刘女士认为，最重要的一点是商业保险的重大疾病理赔是按照个人设定的金额直接赔付现金，和社保的先花费再报销有形式上的不同，所以两者的搭配是最完善的。

第三，医疗报销这种常发生的风险也需要保险完全覆盖完善。社保和公司的补充医疗保险并不是100%全额报销，缺口部分也需要自己承担，此外刘女士还希望能够拥有高品质的医疗感受。

下面，我们就来看看刘女士是如何选择商业保险的。

◇　意外保险。

意外保险是一种很好的风险转嫁方式。刘女士在选择意外保险时，计算了夫妻现在的家庭负债、儿子未来的教育费用和双方父母的赡养费用，再平均分配到两个人身上，就是她和先生需要的意外保险保额。

◇　重疾保险。

重疾保险一定是越早买越好。首先，早买时身体条件允许。很多人在身体感到不适时才想到购买保险，但此时经过保险公司的健康检查，某些身体指标已经不适合投保，可能出现需要加费投保、延期投保或者直接拒保等情况。其次，费用相对较少。重疾保险是根据客户的年龄、性别等因素核算风险成本，购买时客户越年轻，保费越便宜。再次，额度限制小。很多人觉得年龄大了以后才需要重疾保险，但到了一定年

龄，会因为各种因素导致不能购买到足额的重疾保险，万一额度不足以应对重疾的各项花费，会大大影响家庭生活品质。

刘女士在考虑夫妻双方的重疾保额时首先核算了治疗费用的缺口，再加上病愈恢复期（3~5 年）的基本生活费用，以及这几年内可能的负债和抚育责任等产生的费用，平均到夫妻两个人身上，确定了适合自己家庭的重疾保额。

◇ 伤残保险。

伤残保险对于家庭的主要经济支柱是非常必要的。伤残保险和意外身故保险类似，保费很便宜，所以成长期家庭应该给每位经济支柱配置高额的伤残保险，以应对风险发生时产生的各项费用。

刘女士在选择保额时，重点考虑一旦伤残这种风险发生，需要的高额的治疗费用、此后的负债和责任以及后续康复的费用。

◇ 医疗费用。

社保报销有范围限制，且报销额度也有比例限制。所以，商业医疗保险与社保相互补充，相互搭配，才会建立更完善的报销体系。很多保险公司推出的健康高端医疗服务，为客户提供了高品质的医疗机构、每年高达数百万元的全额医疗费用报销等服务，解决了就医难、就医累等困难。

刘女士的家庭收入不错，因此她选择了高端医疗保险作为社保和公司商业医保的补充，提升全家的医疗品质。

为全家购买商业保险的主要原则有：第一，如果资金允许，时间越早越好，保险范围越全面越好，保险额度要充足，家庭成员都要覆盖

到。第二，如果资金有限，要先考虑家庭关键成员，先大人，再孩子；先经济支柱，再其他成员。第三，要定期检视自己的保险，随着家庭结构变化、年龄增长、工作福利改变等，调整自己的商业保险方案。第四，针对个人的风险概率，重点补充某种保险。比如，有些人的工作要经常出差往返于各地，那么频繁乘坐交通工具会导致意外发生的概率增加，他就可以先完善意外保险，在经济条件允许的时候再逐步完善其他保险。

05

定期保险真保险

如果说人的生命是可以用金钱来衡量的，那每个人的生命价格都不尽相同。

在人们选择保险产品时，经常被各式保险品种搞得眼花缭乱。诸如“珍爱一生”“常青之树”“鸿福康泰”等保险，几乎所有人都知道，保费不同、保额不同，保障内容也不同。但许多人并不知道，保险期限也有讲究。有的保险品种从名称上就可以看出期限，例如“真爱定期”是定期寿险，“真爱一生”是终身寿险。而有的保险品种被称为“万能险”，尽管名称为“终身”，而实际上无法保障终身。

所以，选择保险不能只看表面价格，背后隐含的保险期限很重要。

H 先生今年 40 岁，是一家大型金融集团的副总，年收入约 300 万元。H 太太是他大学同学，在家做全职太太。H 先生有两个孩子，大儿子 8 岁，正在上小学，小儿子刚满 3 岁。H 先生提起自己的家庭特别自豪：太太贤良淑德，对两个孩子教育有方，孩子们也活泼可爱。

某天，H 先生看到一则新闻：小马奔腾的董事长李明突发意外离世。作为近年来影视业的一匹黑马，小马奔腾早就已经完成了上市前的最后一轮融资，正在筹划上市发行，可谓“万事俱备，只欠东风”。李明离世后，其遗孀金燕成为最大股东，并接任了董事长的职务，但实际上金燕 2007 年后就退居幕后，生活重心转向家庭。一场意外，将这位一直主内的女人推到了台前。公司内外都怀疑，她能在这个关键时刻挑起重担吗？

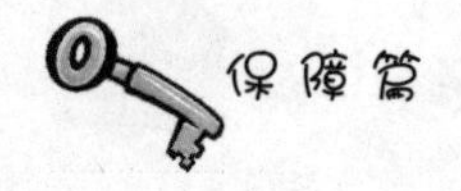

H先生看到这则新闻后，陷入了沉思。几天后，他向寿险顾问详细了解各种寿险品种后，毅然为自己投保4000万元保额，年交保费20万元。H先生的一个朋友L先生听到后大吃一惊，因为他也为自己投保了4000万元的人身寿险，但是年交保费高达160多万元。为什么保额一样，L先生要多交100多万保费呢？

其实，H先生买的保险为定期寿险，这样的保险，回归了保险的保障本质，是名副其实的“真保险”。

定期保险因为保障期限短，所以有可能带来很高的杠杆率。比如杠杆率最高的航空意外险，20元可以撬动20万元保额，杠杆率为1∶10000。

H先生所购买保险杠杆率为1∶200，即20万元保费可以撬动4000万元保额。之所以杠杆率不如航空意外险高，是因为保险期限长达20年，因此保费自然就贵，杠杆率就低一些。而L先生所购买的保险，杠杆只有1∶25，这是因为L先生要求的保障期限为终身，时间更长，且如果30年后选择退保，所有保费将全部返还，因此保费就要更高。

保险的实质是加入了一个大家庭，在这个大家庭中，有人可能因为各种原因出现损失或受到伤害需要大家庭照顾，所以大家的钱实际上通过保险公司给了出事的那个人。而对于没有发生事故的人而言，他（她）所交纳的保费就算消费掉了，没有回报，也无法延期。

所以，最初保费就是根据风险发生的概率进行厘定的：发生的风险概率高，保费就高，反之亦然。在保障期间内，若无风险发生，则保费被消费掉。这样的费率厘定现在广泛运用于财产险中。比如车险，如果投保之后一年内未发生任何风险，则保费被消费掉。实际上，这些保险费通过保险公司给了当年出险的那些车辆的投保人。

随着保险产品的不断发展，人们逐渐发现消费型保险在人身保险中的弊端：随着被保险人年龄的增加，死亡的概率逐渐增加，因此保费也逐年上升。但人们的赚钱能力曲线是在 30 ~ 60 岁之间达到峰值，之后逐年下降，如图 2-1 所示。因此上升费率的保险产品，不符合人生收入曲线变化趋势，不利于销售。

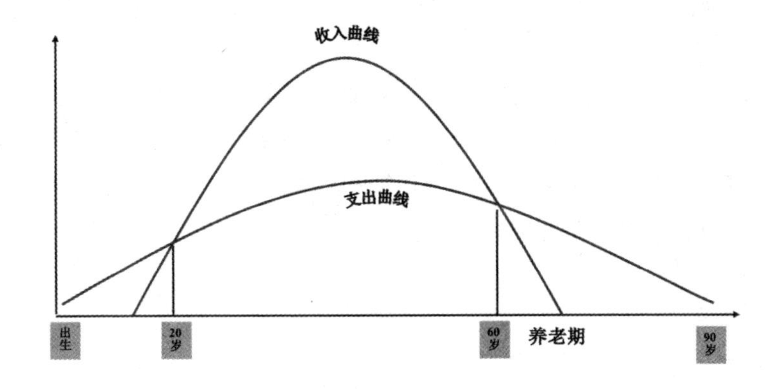

图 2-1　人生收入曲线

在这种情况下，保险公司开始推出均衡费率产品，即由精算师计算出投保人一生投保所需要的全部保费，然后将此费用平均到每一年。这样投保人会发现，在自己赚钱能力最强的一定时期内便可以交纳完毕所有保费。这种均衡费率的保险产品，符合人们的消费理念，逐渐成为主流的保险产品。

但这样的保险产品，同样会出现一个问题：如果被保险人一直未出现风险，那么投保人这 20 年交出的保费将会清零。于是保险公司又推出了储蓄型产品，即保费交了不白交，即便是不出风险，到了一定的时期，交纳的保费也能收回。

实际上，精算师巧妙地运用了本金与利息的概念。对于投保人而言，总有一部分费用是每年必须消费掉的，这称之为保障成本。比如案例中的H先生投保的20万元，就是消费型保险，即如果他没有出现保险合同所约定的风险，则20年后他所交纳的所有保费全部都被消费掉了。与H先生不同的是，L先生所投保的属于储蓄型保险。如果L先生没有出险，那么他每年投入的160万元将会全部返还。表面上，L先生收回了所有的投资，实际上，160万元接近于“本金”的概念。保险公司会运营这些资金，所产生的利息或许接近20万元。20万元是“利息”，利息还是被消费掉了，即“保障成本”总是要扣掉的。

总的来讲，定期消费型保险实质上归回了保险的本质，在一定的保障期间内，可以利用更高的杠杆率来撬动更高的保障额度。虽然最终保费有可能全部被消费掉，但实质上来讲，这才是保险的真实用途所在。因此可以说，定期、消费型保险才是“真保险”。

06

商旅人士变身保险达人

保障，有的是为自己，有的是为家人。真正的爱来自于对家人的责任体现。

2014 年 3 月 8 日，马来西亚航空一架载有 239 人的航班 MH370 离开马来西亚首都吉隆坡后不久，与空中管制中心失去联系。失去联络的客机上载有 227 名乘客（包括两名婴儿）和 12 名机组人员，其中有 154 名中国人……2014 年 7 月 17 日 23 时左右，马来西亚航空 MH17 航班（波音 777）在乌克兰境内坠毁，机上 283 名乘客和 15 名机组成员全部遇难……

飞机的频频失事，带给我们伤痛之余，更让我们学会了珍惜当下的生活。越来越多的商旅人士开始考虑：如何能给家人一个牢固的保障？

M 先生是一家世界 500 强企业的销售总监。按照公司规章制度规定，分公司不能持有公章，因此各分公司签署合同时都需要 M 先生携带公章亲赴当地，一般一周至少一次。M 太太原是一家金融企业的副总，也很能干。由于两人都非常喜欢孩子，生了一儿一女，凑成了一个“好”。为了在孩子重要的成长阶段专门照顾和陪伴他们，M 太太自女儿出生以后就做了全职太太，让 M 先生工作起来无后顾之忧。M 先生一家的情况如表 2-1 所示。

可以看出，M 先生是家中的经济支柱，家庭唯一的收入来源。M 先生和太太年轻时创业艰辛，早为自己购下了一套自住房，无贷款。为了在将来退休后过上有品质的养老生活，两年前，他们将第一套房产做抵押贷款购买了一套别墅，现值超过1000万。贷款金额为400万，月供5万元，压力较大，加上一家四口的日常生活开销、每年外出旅游、逢年过节孝敬父母的费用，结余很少，因此也没有什么资金投资。

表2-1　M先生家庭成员基本资料

成员	年龄/岁	职业	收入/万元
M先生	40	销售总监	80
M太太	36	全职太太	0
儿子	8	小学生	0
女儿	3	学龄前儿童	0

M先生在所在公司很受重视，除五险一金的基本福利和交通、电话等补贴外，公司还专门为他购买了高端医疗保险，医疗费可100%全额报销。M先生非常清楚自己的家庭责任，以前每次出差坐飞机，都会单独花20元再购买一份航空意外险。一次在某银行办事时，M先生得知该银行的白金信用卡可以随卡附赠1000万元的航空意外险，当即申请了一张。虽然有千元左右的年费，但相比每次20元保100万元的费用，还是划算多了。

经过此事，M先生考虑是否还有更划算的方式为自己建立高额意外保障。经过和太太上网仔细查询、比对，并询问保险公司的朋友，M先生发现：

◇ 买20元保一次的，不如买20元保一年的。现在市面上可以买到的交通意外险同质性比较高，可供选择的产品比较多，可以根据自己常乘坐的交通工具的类型来挑选合适的产品，搭配保额。另外，网上购买价格更便宜。

◇ 自助卡式的综合保障性价比较高。

◇ 交通意外险比较便宜，但是只保交通工具的意外，其他意外

不保。

◇ 充分利用各类 VIP 服务赠送的意外保险，例如除白金信用卡赠送的高额航空意外险，还有免费的急难援助服务等。

◇ 每次出行还可以购买短期的旅游意外险，一般包括医疗费用、人身意外、意外双倍赔偿、紧急医疗运送、运返费用、个人行李、行李延误、取消旅程、旅程延误、缩短旅程、个人钱财及证件以及个人责任等诸多种，保障的是在整个保险期间内旅游者因发生保险责任范围内的意外事故，造成身故、残疾的结果或意外医疗费用的损失，不论是否属于旅行社的责任，都可向保险公司索赔，由保险公司按合同约定向旅游者进行赔付。

◇ 如果是在境内自驾游，需有针对性地挑选自驾车意外险。而境外旅游，需结合出游目的地，选择适当医疗保障额度的保险。此外，若出游计划中有高风险运动项目，需挑选可承保高风险运动的旅游险。

2014 年 3 月 8 日的马航失联事件给 M 先生带来了更大的撼动。M 先生的一位学弟及其妻子恰巧就在那架航班上，两人均只有 33 岁，均为独生子女。夫妻俩育有两女，长女 4 岁，幼女仅 1 岁半。双方父母均健在。这次事件后，女儿失去了父母，父母失去了子女。感情的伤害无法弥补，经济压力又给这个破碎的家庭造成了二次伤害。

M 先生越来越觉得，作为一家四口的经济支柱，在能力允许的情况下，自己的身价保多少都不为多。针对空中飞人的特点，M 先生为自己做了以下的意外保障，如表 2-2 所示。

爱是一个人的付出，它可以因为这个人的离开而停止；而责任是被爱者幸福的保证，它可以不因为某人的离开而中断。M 先生希望他能一直为妻子儿女尽上他全部的责任。

表 2-2　M 先生购买保障一览表

保障类型	保障额度	费用	受益人
一般意外	100 万元	2000 元	太太
综合交通意外	飞机 800 万元，火车 50 万元，汽车 20 万元	约 500 元	法定
国际急难援助卡	国外	—	法定
航空意外	1000 万元	—	法定
自驾车意外	50 万元	—	法定

注：以上均为消费性保险产品，部分为相关 VIP 服务赠送。

意外险覆盖的范围很广泛，可包括人身意外险、旅客意外险、汽车险、公众责任险和产品责任险等。对于经常出差的商旅人士或者是常常乘坐各种交通工具的人来说，购买一份意外险，就是给外出的自己一个保障，也能多给留守的家人一分安心。

意外险一般保险时间较短，保费低，购买方式简单，这也导致很多人购买时并不在意条款。但是不同公司推出的意外险保障责任各有不同，比如购买交通意外险时，需要特别注意，由于交通工具的不同，每种工具所产生的意外保额也不尽相同，有的保险重在航空，有的重在陆地交通工具，商旅人士应该根据自身的情况进行合理选择。

还要提醒广大读者，购买任何一份保险，无论是短期的航意险还是长期的人身险，最好都要明确标示受益人，包括受益人姓名、身份证号和受益份额等，否则可能引发后续麻烦。与保单形式相比，网络购买的意外险价格较低，但受益人大多只能法定，理赔时会比较复杂。

置业篇

随着时代的发展，一个曾经最安土重迁的民族，现在也开始迁徙。我们越来越懂得“随遇而安”的妙处，不会再固守某一方水土。但无论迁到哪儿，置业都是安定生活的重要基础。在某种程度上，置业将直接决定着“随遇”是否真的能够“而安”。

对于工薪阶层来说，置业是为了让家庭有立足之地。对于高收入的人群而言，置业又有着另一重意义。他们考虑的置业，是如何找到一个适合养老居住或者能让子女接受更好教育的“第二家园”，抑或是把置业当作一种投资。

不过无论出于什么层次的需求，置业从古至今都是人们幸福生活的重要组成部分。

07

海外置业，构筑第二家园

享受生活，是财富为人服务的最好体现。第二家园，让我们畅享天伦之乐。

近年来，许多富裕阶层出于投资、商务、教育、养老等需求，逐渐将视角投向海外，移民潮一波接着一波，向着世界各地扩散。海外置业便是这股热潮中最常被提起的话题之一。

海外置业，并不仅仅是拿钱买房这么简单。对于多数投资者来说，他们的工作、生活重心仍在国内，并不能精心打理海外产业。而各个国家和地区的政策法规都不一样，房地产形势也各有起伏，海外置业是一项劳神劳力的事，必须综合考虑多种因素。

Ada，37 岁，就职于某知名地产公司北京分公司。经过几年打拼，现在已是公司重要部门的一名主管。她正处于事业上升期，未来几年还有继续深造和升职加薪的机会。而她的先生因为事业的关系长期在武汉居住，打算在接下来的几年将工作的重心往北京转移。他们俩有一个女儿，在武汉上初二，学习成绩很好。

Ada 家庭是中国典型的中产阶层家庭：夫妻双方工作稳定，有充足的现金流保障，有自己的房产、汽车。Ada 形成家庭理财理念比较早，很早就开始实施家庭资产配置规划，至今已有一套颇为适合自身情况的理财方式。

具体来说，她的家庭资产通过四个账户进行打理。

首先是现金账户。这个账户主要用于日常生活开支，一般都以活期

存款或3~6个月的短期人民币理财形式配置，方便随时取用。

其次是保障账户。她为先生和自己投保了高额寿险以及100万元重疾保险。同时为了享受更好的医疗条件，她还为全家配置了高端医疗保险。

再次是专项基金账户。这个账户是为了解决女儿的教育金以及夫妻二人的养老金，主要通过购买基金定投、终身年金，或是投资房地产等方式满足需求。

在此基础上，她还设置了投资账户。这个账户是为了获取高收益，让资产增值，主要购买固定收益类信托和私募股权类产品。

考虑到近年来国内的不动产资产价格持续走高，而国内各地环境问题频发，虽然夫妻俩当下的事业重心都在国内，短期内不会离开，但退休后还是希望到一个青山绿水、安静闲适的地方养老。因此，Ada考虑在其他国家购置房产，布局海外置业计划。对于女儿，他们希望她能有机会接受更好的教育，未来能出国留学，有一个更加广阔的发展空间。

本来Ada考虑的是直接去美国置业，但是细算下来发现并不合适。首先，美国的房产价格相对较高，短时间内筹措大笔资金并不容易，还可能会对之前做出的理财安排带来较大影响；其次，美国的语言问题难以解决，一家三口短时间内都不可能完全脱离华语环境，另外女儿申请美国高校也需要等到读完高中之后；最后，美国移民有高额的投资要求以及长时间的移民监制度，而夫妻双方的事业发展都不允许两人长期不在国内。

在这些主、客观因素的限制下，Ada将目光转向了马来西亚。马来西亚政府近年推出了“第二家园计划”，该计划是为了吸引外国人移民及投资而设立的，具有低门槛、移民手续简易、留学跳板优势以及良好的医疗环境和居住环境等特点。

◇ 移民条件要求较低。

不需要投资，只需在马来西亚任何一家银行（包括在马来西亚的中国银行和中国工商银行）拥有存款30万林吉特（折合人民币约58万元），全家就可以获得为期10年、终身可续的定居身份和长期签证。这样的资金要求对于Ada来说没有压力。

马来西亚对移民没有英语要求，没有资金来源要求，没有年龄限制，不满21周岁的人可以和家人连带一起申请，不需要另外增加条件，3个月内办妥申请。Ada的女儿正好可以这种方式移民。

马来西亚对于每年最低居住时间没有要求，也没有移民监。Ada夫妻二人在国内的事业完全不会受影响。

◇ 教育方面具有优势。

马来西亚的一般院校都开设专门的英语课程，对学生的英语水平要求不高，同时绝大多数的大学或院系采用全英文授课，以便与国际主流院校对接。马来西亚又是多语种国家，马来语、英语、汉语和泰米尔语（流行于全国7%的印度人）均被广泛使用。华人占1/4人口，对于刚移民的中国孩子来说，他们在语言方面能有一个很好的适应过程。Ada打算移民马来西亚之后让女儿独自去上学，夫妻二人还在国内发展各自的事业，这样一方面是对女儿独立生活能力的培养，另一方面也能让她尽快习惯英语的学习环境。

马来西亚的留学费用低廉，私立大学学费每年3万~4万元人民币，生活费每年2万~3万元人民币。如果在马来西亚上大学，Ada一年只需为女儿准备8万~10万元人民币就足够了。同时，马来西亚还可以作为转到英美留学的跳板。马来西亚与欧美许多国家实行了“3+0课程”和“双联课程”，在读学生可在入学一段时间之后以转移课程的方式转赴美、加、英、澳等国继续修读，颁发英、美、加、澳名校的毕业证书，而费用仅为直接留学的1/4。Ada的女儿现在上初二，可以直接在马来西亚读高中，然后选择适合自己的方式到英美名牌院校读大学，既

减轻了女儿的升学压力，也大大增加了留学英美的成功率。

◇ 当地医疗资源丰富。

马来西亚的医疗机构已经发展成为亚洲卓越的医疗中心。马来西亚的医疗系统沿袭50年前英殖民时期建立的系统，医疗水平和医疗设施都很完备，国民的医疗福利也很高。Ada全家在马来西亚依然可以享有高品质的医疗环境，这对于已经习惯在国内大医院的国际医疗部或特需部就诊的人来说，是一个极大的医疗便利。

◇ 生态环境良好，适宜居住。

马来西亚具有独特的地理条件，迷人的自然环境，无地震、海啸、火山等自然灾害。由于靠近赤道，气候潮湿炎热，有“一年皆是夏，一雨便成秋”的美誉。一年之中温差变化极小，平均温度在26～29℃之间，全年雨量充沛，降雨虽多，但雨下得骤，停得也快，极少有连阴雨。因此，马来西亚是个具有永恒夏天和永恒阳光的地方。相较于北京当前的环境状况，马来西亚无疑是一个更好的生活场所，也更加适合颐养天年。

鉴于以上这些优势，Ada觉得马来西亚的“第二家园计划”可以说是为自己的家庭量身打造的，选择在马来西亚置业成为她未来生活规划中的重要一步。

首先，移民或者海外置业并不能盲目选择，而要结合未来生活预期、经济状况、职业规划等多方面因素综合考量。当前国内刮起了移民和海外置业热，但对于是否移民，以及海外置业国家和城市的选择，投

资者必须经过全面的考察和分析，适合自己的方案才是最好的方案。

其次，一个家庭需要有合适的家庭资产规划方案。Ada 对于自己家庭的收支情况、资产保值增值的需求、保险的杠杆作用和风险经营理念都有着十分清楚的安排。四个账户既可以满足日常的生活开支，给家人提供了充足的保障，同时还能让资产有保值增值的空间。

再次，越早开始对家庭资产进行理财规划越有利。Ada 的海外置业包括未来理想生活的设想都是建立在充足的现金流和其他保障的前提之下，即使出现了突发事件，Ada 当前的生活和海外置业计划也不会因此而中断。

最后，对于家庭资产的规划，投资者不但需要对国内资本市场有所了解，也需要将视角放至海外乃至全球。对国家政策、经济发展形势以及其他因素的考量是方案规划设计的重要参考因素。

08

商铺投资，规划家庭美好未来

投资一个好的商铺，再想去桂林，有钱，更有时间！

俗话说“一铺养三代”。随着人民生活日益富裕，财富逐渐积累，通过投资来实现财富保值、增值的愿望也不断增加。作为不动产投资中的佼佼者——商铺投资已成为越来越多投资者们关注的焦点。

H先生今年38岁，月收入税后约1.8万元，年底奖金4万元；H太太36岁，月收入税后约1.5万元，年底奖金3万元。他们的儿子今年刚满7岁。H先生家庭目前拥有房产一套，市值150万元；小轿车一辆，市值12万元；活期存款25万元，定期存款50万元，股票20万元。夫妻两人都有社保，并各自购买了保额为50万元包含重疾险在内的商业保险，每年交纳的保险费分别为1.2万元和1.3万元。

H先生夫妇每月生活支出约1万元；抚养孩子每月花费2000元；房贷尚余50万元需偿还，每月偿还3500元；养车每月平均支出2000元；每年给老人的赡养费用及旅游费用约5万元。夫妻两人打算让孩子出国读书，还需要为他准备100万元的大学教育费用。他们希望通过投资商铺来弥补资金缺口。

表3-1显示，H先生家庭的资产负债比为19.46%，表明家庭财务很安全，风险评级为低风险，正处于家庭成长期。这一阶段随着家庭成员年龄增长，最大开支是保健医疗费和教育费用。同时，随着子女自理的能力增强，夫妻二人处于事业发展顶点，又积累了一定的工作经验和

投资经验，投资能力大大增强。

表 3-1　H 先生家庭资产负债情况

资产	金额/万元	占比（%）	负债	金额/万元	占比（%）
现金和活期存款	25	9.73	房屋贷款	50	100
定期存款	50	19.46	购车贷款	0	0
股票	20	7.78	信用卡贷款		
自用房产	150	58.37	其他贷款		
家用车	12	4.67			
资产总计	257	100	负债总计	50 万元	
家庭净资产	207	80.54	负债/总资产	19.46%	

从表 3-2 的家庭目前收入支出情况来看，夫妻两人的月总收入 3.3 万元，男方占比 54.55%，女方占比 45.45%。从家庭收入构成可以看到，男女双方经济地位相近，同时构成家庭的经济支柱。

表 3-2　H 先生家庭收入支出情况

月收入	金额/万元	占比（%）	月支出	金额/万元	占比（%）
男方月收入	1.8	54.55	男方月生活支出	0.5	28.57
女方月收入	1.5	45.45	女方月生活支出	0.5	28.57
			孩子月生活支出	0.2	11.43
理财收入	0	0	月房贷还款	0.35	20.00
男方年奖金	4		月家用车支出	0.2	11.43
女方年奖金	3		保险年支出	2.5	
其他年收入	0		其他年支出	5	
月收入总计	3.3	100	月支出总计	1.75	100
年收入总计	46.6		年支出总计	28.5	
月结余	1.55				
年结余	18.1 万元		留存比例	38.84%	

目前H先生家庭的月总支出为1.75万元。其中，日常生活支出为1.2万元，占比68.57%；月房贷还款支出为0.35万元，占比31.43%。家庭日常支出占月收入比重为36.36%，低于50%，表明H先生家庭控制开支能力较强。H先生的家庭月房贷还款占月收入的比重为10.61%，低于40%，表明财务风险较低，处于较为安全的水平。从年结余来看，H先生家庭每年可结余18.1万元，留存比例为38.48%，有很强的储蓄能力。储蓄能力是未来财富增长的关键。

我们从应急准备、长期保障、子女教育、退休养老这四个方面的基本规划入手，为H先生提供理财建议。

◇　应急准备。

H先生家庭每月的生活费用为1.2万元，每月需偿还的房贷为0.35万元，建议H先生家庭准备6个月的应急资金，以应对意外情况出现时6个月内的生活必需费用和房贷偿还风险。所需准备的应急资金总额为9.3万元，其中50%可以活期存款方式保留，另外50%购买货币基金。

◇　长期保障。

H先生年收入为25.6万元，有社保，有商业保险，年交保费1.2万元。如果按保障意外情况出现时未来5年的收入条件设置保额，H先生的保险缺口为25.6万/年×5年-50万=78万元。再将房贷偿还风险考虑在内，H先生的保险缺口将达到78万+25万=103万元。按保费占年收入的10%~15%测算，H先生的年交纳保费应为2.56万~3.84万元，需要提升保险额度。

H太太的年收入为21万元，有社保，有商业保险，年交保费1.3万元。如果按保障意外情况出现时未来5年的收入条件设置保额，则H太太的保险缺口为21万/年×5年-50万=55万元。将房贷偿还风险考虑在内，保险缺口将达到55万+25万=80万元。按保费占年收入的10%~15%来测算，H太太的年交纳保费应为2.1万~3.15万元。

◇ 子女教育。

一方面，H 先生家庭要为孩子的基础教育创造更好的环境；另一方面他们也希望孩子未来能实现出国留学的梦想。为了留学梦，他们计划筹备 100 万元的教育费用给孩子 18 岁时读大学所用。假设学费每年的涨幅为 3%，年均投资回报率为 6%，H 先生可以每月做一个基金定期投资，投资金额为 7429 元。

◇ 退休养老。

两人目前每月的生活费用总计 1 万元。假设通胀率为 3%，则退休时两人需要的每月生活费用男方为 19161 元，女方为 17535 元。由于女方退休时男方尚未退休，以女方的退休时间为基础计算养老费用的筹备。女方还将继续工作的年限是 19 年，这 19 年内要筹备的养老费用为 17535 元/月 ×（80 - 55）×12 月 = 5260500 元 = 526.05 万元（假设退休后的存款收益率与通胀率相同）。H 先生夫妇两人都有社保，他们打算一半依靠社保，另一半自行筹备，可通过每月定投基金的方式来获得。假设投资回报率为 6%，则定投金额每月需要 6210 元。

为了获得较高的投资回报率，H 先生夫妇把投资重点放在了不动产投资方面。但当前商品房市场走向并不明朗，于是把目光转向了商铺投资，看中了某新开发商场一间价值 150 万元的底铺。需要注意的是，商铺的首付至少为 50%，贷款年限不超过 10 年，并且贷款利率在基准贷款利率基础上上浮 10%。H 先生家庭的现金、活期存款、定期存款加起来 75 万元正好可以支付首付，其余 75 万元按贷款利率 7.205%（5 年期商业贷款利率 6.55% ×1.1）、贷款成数 5 成、贷款年数 10 年计算，月需还款 8787.58 元。收入方面，以商铺的租金回报率 6% 计算，则月租金为 7500 元。

在扣除基金定投及商铺投资的月供额后，H 先生家庭每月结余仍有 573.42 元，年结余（加年奖金）为 76881 元，完全可以支持商业保险不

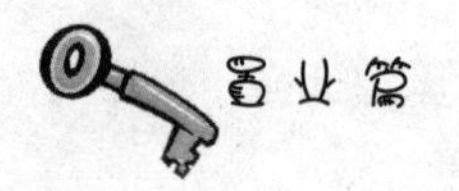

足额度的购买。

投资商铺是门特别考验眼光的学问，“一铺养三代”还是“一铺套三代”，也许只在一念之间。哪些地方的商铺升值潜力大？位置、位置、还是位置！这是业内人士提出的选择商铺的首要标准，进一步可解读成“所选城市在全国的地位、所选区域在城市中的位置、单个项目在区域中的位置”。还要注意，只有零售业蓬勃的城市，商铺才值得投资。

总体来看，商铺的价值首要取决于所在地段的商业价值。其周边辐射的人口数量、交通方便程度、周边的规划配套等等，都将影响到商铺的投资价值。

相同地段，不同位置的商铺，其价值也不尽相同。商铺的售价会根据楼层，以及开口位置的不同而变化。在一条商街上要选择“角”与“边”上的铺位。“金角，银边，草肚皮”是商业内流行的择址、选铺要诀。一条商街制造的效益并不是均等的，街角上的铺位是择铺首选。街角汇聚四方人流，人们立足的时间长，街角商铺因人流多必带来财气旺。“边”是指一条街两端的铺位处于人流进入的端口，也是刚进入商街的客流有兴趣、有时间高密集度停留的地方，商铺生意由此兴旺。“草肚皮”则指街的中间部分，因客流分散、购物兴趣下降、行走体力不支等原因而使店铺经营不够火爆。

对于相同位置的商铺，要选低不选高。顾客在店铺内行走购物为图省时、省力，往往不愿向楼上走，因而店铺低层往往能比其他楼层创造更高的营利。为此，在择铺时，选择一、二层比选择三、四层店铺要更

具有经营上的安全性。换言之，一个商业楼的层高与其经济效益成反比，即楼层越高，销售额越低，从而利润就会越少。这是由顾客的购物习惯与消费心理决定的。

投资商铺需要重视这几点：

◇ 专业程度。

与住宅相比，商铺投资是个更有技术含量的活。如果说不动产投资是一场棋局，那么商铺投资就是其中高段位的那一种。它考察投资人的综合眼光，包括投资项目的位置、地段、规划、商圈、商圈成长性等。

◇ 风险程度。

由于对投资者专业水平的要求更高，商铺投资的风险更大。投资后实现项目收益的最大化需要一段时间，所以，商铺投资可能给投资者带来一些特殊的风险，如空置率风险、租户流失风险等。

◇ 流动性。

商铺投资被认为是一项流动性差的投资。如果希望能以合理的价格出售商铺，那就需要有足够的时间来进行销售。为什么二手房住宅中介多如牛毛，而商铺的中介公司凤毛麟角，主要就是因为商铺流动性差，其投资人更多的目的是获取长期的租金收益。

◇ 金融杠杆。

首付款比例不同，住宅是30%～50%，商铺首付必须是50%；贷款年限不同，住宅最高可以贷30年，商铺最多10年；且购买商铺贷款要在基准贷款利率基础上上浮10%。

◇ 投资回报率。

用租金计算投资回报率，住宅的回报率在2%～3%，商铺可以达到6%～8%；从租售比衡量，现在住宅的租售比在1∶500～1∶600；而商铺的租售比在1∶150～1∶200。

有没有一条适合个人投资者的捷径，可以合理降低风险，并买到好商铺呢？业内人士给出了建议：除了选好地段的商铺，投资者可以先留意开发商是否会持有一部分商铺，后期经营管理公司是哪家，然后到商铺周边的中介门店多走走问问，咨询一下附近商铺的租金水平和出租情况，或是请教一下有意入驻的商家，谈谈对这个项目商铺的看法，等心里有底了再出手不迟。

现金篇

随着互联网金融不断创新，传统金融工具正在遭受着巨大的挑战。但即使是金融市场最为发达的欧美，有一种传统的甚至是古老的金融工具仍然展现出强大的生命力，它就是现金，至今没有任何金融工具能够超越它的霸主地位。

中国人是具有危机意识的。所以很多人对于现金的认识，除了作为终端支付，还有就是银行活期储蓄，或银行的短期理财。因为我们相信，一旦发生什么急事，第一时间能拿出现金，比什么都重要。所以很多家庭的现金，在长期没有急事发生的积累中，就沦落为了“冰山储蓄”。其实，除了现金，也有其他可以担任支付功能的金融工具；除了现金，也有其他可以应急的金融工具。让现金流动起来吧，它会给我们带来意想不到的收获。

做好家庭的现金流管理，在趣味中体现理财的智慧！

09

与“宝宝们”快乐地玩耍

快乐宝宝，帮助我们归拢零散资金，小钱也能带来高收益。

“碎片化”理财时代来临，玩转闲钱从1元起步。年终奖、季度奖、各种补贴……“闲钱”都到碗里来吧！

2013年以来，以余额宝为代表的“宝宝军团”异军突起，其收益性、流动性、便捷性已得到大众的普遍认可，即使是以前没有接触过这些产品的投资者，也可以轻松玩转这些“进化后”的货币基金。

“50万元是直接存定期呢？还是买理财产品呢？”由于不看好未来的房地产市场走势，张先生卖出了一套在远郊区的小两居住宅，但随后却为到手的50万元闲钱犯了愁。这对于一个工薪阶层家庭来说是一笔不小的数目，捏在手里一天就损失不少利息。

在理财师的建议下，他拿出了20%投资于股票、QDII基金等权益类产品，40%投资于固定收益银行理财产品，其余的40%即20万元，他决定投入当前热度很高的宝基金账户，作为家庭流动资金和市场好转时的资本备用金。

余额宝的出现搅动了互联网金融的一江春水。此后，各类互联网理财产品扎堆涌现，拼收益、拼便捷性，你来我往好不热闹，连商业银行也不甘寂寞，纷纷加入抢筹行列。货币基金类的“宝”仅互联网系背景的就有阿里巴巴的余额宝、微信的理财通、百度的百发、东方财富网的活期宝、网易的现金宝、苏宁云商的零钱宝等十数种。面对“宝宝”洪

流，多家银行2014年以来陆续推出了自己的宝类产品，如民生银行的如意宝、平安银行的平安盈、兴业银行的掌柜钱包、中国银行的活期宝等，都是当前市场上富有竞争力的宝基金产品。

在理财师推荐的这些产品中，张先生更感兴趣的是2014年4月以后出现的有着“宝基金二代”之称的几款产品，如中信银行的薪金煲、渤海银行的添金宝以及杭州银行的幸福添利等。以薪金煲（挂钩信诚基金的薪金宝货币基金）为例，它的申购和赎回采用“全自动”模式：客户只需一次性签署中信银行薪金煲业务开通协议，设定一个不低于1000元的银行活期账户保底余额，无需客户“主动”购买，账上“保底余额”之外的活期资金将在每个开放日自动申购信诚薪金宝基金，而当客户需要使用资金时，也无需再主动发出赎回指令，中信银行的后台会自动实现货币基金的快速赎回。薪金煲最大的亮点在于实现了实时取款和实时转账功能，打通了货基理财产品支付功能的“最后一公里”，是国内首款可在ATM机上直接取现并可直接线下刷卡消费的货币基金，给客户带来了更加便捷、高效的良好体验。

张先生觉得这类产品最能满足自己的需要，就请理财师为他列出所有“宝基金二代”的名单，再从中挑选出最合适的一种进行投资。

说到理财，很多上班族的回应是“缺少资本”或“没时间”。“宝产品”的适时出现，使得动辄上万元的理财门槛不再成为人们处理闲散资金的拦路虎。在人人皆理财的今天，没有缺少资本的人，只有理念落伍的人。

宝产品本质是“触了网”的货币基金，它们仍然以债券、票据、银行存款等作为标的。正如人更衣换装另作装扮，尽管你不能变得像金刚狼那样威武，但这种变异产生的效果依旧非常可观。而货币基金的变异，正是从余额宝开始。其中最明显的突变，是原先货币基金并不具备的“T+0”快速取现业务。在这之前，大部分货币基金都只能做到T+2日到账，少数T+0也有额度限制。

宝产品在流动性上极其接近于活期存款，而收益率却是活期存款的数十倍，这是它们受到投资者青睐的最重要原因。尤其是2014年春节前后，余额宝和理财通的7日年化收益率更飙至近7%，吸引了大量资金的涌入。高收益主要来自两方面：一是部分产品成立在市场资金最紧张之时，获得了较高收益的协议存款合同；二是不少宝产品规模较大，话语权较高，能获得较为优惠的价格。尤其是前者，正可谓生逢其时。

但是，投资者不要对这种产品的收益抱有过高的期望。经常关注宝产品的人可能已经发现，2014年一季度以来，无论是余额宝还是理财通，收益率都在悄然下降。宝产品即便再牛气，也无法改变自己是货币基金这一事实。按照目前市场趋势判断，普通货币基金4%左右的年化收益率为正常水平。

虽然面临理财工具的选择时，投资者往往只关注收益率的高低。但就宝产品的选择而言，不仅要看收益的高低与业绩的好坏，还有几个重要的选择标准。

◇ 规模。

投资者应挑选具有一定规模的宝产品，但规模也不宜过大。宝产品的规模直接决定其投资时的议价能力，从而影响投资者可获收益率的高低。但当规模过大时，则会影响投资的效用，最终对收益水平产生影响。

◇ 管理能力。

同样是宝产品，由于基金经理管理能力存在差异，可能造成收益率的分化。虽然宝产品通常收益稳定且风险较低，但同样会遭遇例如钱荒等市场情况，从而在短期内影响宝产品的收益水平。这种情况将凸显管理者的流动性管理水平，即在特定节点下是否能对资金需求作出合理的判断及预期，从而进行相匹配的投资。宝产品收益的变动将直接影响投资者的投资感受，遭遇钱荒时某些宝产品出现收益率的大幅下降，会直接导致投资者将资金大量赎回，令宝产品陷入恶性循环。

◇ 成立时间。

宝产品成立时间的长短决定其是否具有良好的管理经验。好的运作能力及管理水平均需要长期经验的积累，这是其稳定收益水平的保证。成立时间较长的宝产品，可供投资者参考的有效数据会更多。

◇ 持有人结构。

建议投资者慎选那些机构投资者较多的宝产品，以个人散户投资者为主的宝产品表现将更为稳定。由于机构投资者的资金进出量大且过于频繁，将对投资管理人的操作造成影响。这方面可关注基金公司半年报及年报中的信息。

宝产品属于现金管理工具，显然不宜作为长期投资或全部资产配置的标的。业内人士指出，宝产品对于以下五类人群来说更为适宜。

◇ 理财菜鸟。

除了银行存过款、ATM取过钱，没有任何其他投资经验的人群，在听过各种造富神话欲尝试理财时，不妨先通过货币基金进行热身训练。

◇ 极度厌恶风险者。

这类人不管是把工资挂在梁上，还是存在银行里，都难敌通货膨胀的侵蚀，因此，不妨选择风险相对较低的货币基金。

◇ 月月光族。

比“月光族”更甚的是月月光族。他们由于消费精力旺盛，对流动

性要求极高，因此可选择分秒到账的宝产品。

◇ 中国大妈。

中国大妈不仅是国内理财市场的主力军，也是诸多投资者“饥饿游戏”的缩影。不管是投资黄金，还是投资股票，在市场“钱途未卜”时，中国大妈们与其豪赌还不如借助宝产品避风，当市场明朗时再出手，依然不迟。

◇ 理财斗士。

投资亦忌过满，这类人不妨将宝产品作为资产配置的一部分，在市场缺乏机会时暂避风险，机会来临时又有补仓的武器，宝产品不失为投资攻防的“中转站”。

10

玩转信用卡

信用即是财富，你可能从未发现自己如此富有！

同样是用卡，为什么她是“卡神”，你却是“卡奴”？为什么她可以将信用卡运用得游刃有余，而你却常常疲于应付账单？卡神能赚银行的钱，而卡奴却让银行赚了钱，这又是为何？秘诀到底在哪儿？其实一张小小的卡片并没有想象中那么难以掌控，只要持卡人有正确的用卡理念，拥有一定的用卡技巧，也能从卡奴升级为卡神。

目前，信用卡不仅有强大的透支消费功能，其增值服务也相当丰富。使用信用卡刷卡消费，还能获得各式各样的附加服务，一举多得。要想巧用信用卡，或者想进一步成为用卡高手，我们需要了解信用卡这种金融工具独特的、不可替代的功能，再针对自己的消费习惯，选择合适的信用卡。不要小瞧了信用卡，它在家庭理财中也扮演着重要的角色。

H小姐今年34岁，年纪轻轻已经是一家知名外企的公关总监，年收入50万元，是典型的“白骨精”。她不但工作出色，生活和财务也打理得很好：前些年抓住时机买了套位置很好的大房子，各项投资也都有稳健回报。H小姐跟其他白领女性一样，爱购物，爱旅游，注重生活品质。但她一来不会刷卡刷到爆，二来能抓住很多增值的优惠，被朋友们羡慕地称为“信用卡达人”。

同样是用卡一族，24岁的小柳就差距很大。小柳刚步入职场不久，现在在一家广告公司做策划，月收入 8000 元。一个单身小伙子，一人吃饱全家不饿，工作又还没满两年，自己挣钱自己花的满足感正强，朋友同事间三天一小聚，五天一大聚。他又好旅游、爱运动，还是数码控，典型的“90 后”享乐一族，“月光族”肯定少不了他，甚至偶尔还成了“周光族”“日光族”。最初，由于审批条件较松，且批准额度相对较高，经同事介绍，小柳办了一张信用卡，自此开始了卡奴生活：原来是发了工资前半月消费，后半月“消停”，用了信用卡，后半月也消费，花销直线上升，账单一下来，马上头大。于是他又在代发工资的银行办了张信用卡，多一个周转的途径。结果每月工资发下来，第一件事就是跑银行去还钱。有时候还不得不申请分期还款或者找家人朋友周转，弄得很狼狈。

打开 H 小姐的钱包，第一感觉是整齐有序，并不像很多年轻女士那样，卡多得装不下。她介绍道，很多与她姓名或手机号关联的卡，比如美容卡、健身卡、商场会员卡等，商家输入身份证号或手机号就可以查到客户卡上的信息，完成扣款和积分，不需要出示卡片，因此这些卡她都放在了卡包了。钱包中除了几张常用的功能卡和储蓄卡外，只有三张信用卡。

第一张是某中高端商场联名 VIP 卡。H 小姐说她每周都会在该商场刷卡消费，能享受到商场的一切优惠活动，包括打折、积分，以及年底积分兑换现金的超值活动。平时的日常消费也多使用这张卡，这样的好处是每月的对账单有很高的参考价值，基本上能反映出每月的生活开支，起到记账的作用。同时，H 小姐将工资卡与这张信用卡绑定，设定自动还款，这样就不会担心忘记还款的事。

第二张信用卡是某航空公司的联名卡。因为工作关系，H 小姐经常飞来飞去，这张联名卡帮她赚足了里程积分。2013 年她和几个好友去欧洲自由行的机票就是用里程积分兑换的，这让同行好友羡慕不已。除此之外，H 小姐还充分利用了信用卡“预授权”功能。作为经常出差的商旅精英，住高档酒店、租车等都是家常便饭，这些常常需要花费少则三五千元，多则数万元。而用信用卡的好处在于可以做“预授权”，实现押金的功能，从而避免了占用太多资金。

第三张是 H 小姐认为最重要的信用卡。这张卡是某银行的白金信用卡，额度非常高，达到 20 万元。自开卡以来 H 小姐几乎没怎么用，但她形容这 20 万元是多出的应急金，真到急用钱时，它就是现金，且最长有 50 多天的免息期，能让她在面对突发事件时更游刃有余。虽然没有这 20 万，她也会用自己储蓄卡里的钱做相应的准备，但有了它，就可以踏踏实实地把手里本来准备应急的资金用于购买银行短期理财产品，让资金使用变得更有效率。“信用卡达人”的称呼果然不是浪得虚名。

如果按照家庭理财的目标进行分类，一般可把资金分配到四个账户中，如图 4-1 所示。

信用卡作为可提前支配形式的“现金”，在图 4-1“现金账户”这部分起到重要的作用。一张可用额度为 2 万元的信用卡，几乎相当于 2 万元的现金，可在家庭原有收支状况之外多贡献 2 万元的正现金流。对于一个月基本生活支出 5000 元的家庭来说，这张信用卡相当于 4 个月的备用现金。信用卡免息期最短 20 天，最长近 2 个月，一定程度上保证了未来几个月的家庭基本生活支出。原本这部分的资金便可以配置一些时间更长的银行理财产品或货币基金，提高资金的使用效率。

1. 现金账户：要花的钱	2. 杠杆账户：放大的钱
目标：维持基本生活费用 要点：3~6月的日常开支/流动性 渠道：现金/储蓄	目标：解决生命/健康/意外所带来的财务缺口 要点：急用现金/放大性资产/安全性 渠道：保险
3. 保证账户：保值的钱	**4. 风险账户：生钱的钱**
目标：解决养老/教育资金 要点：专款专用/保证收益/流动性 渠道：定期储蓄/债券/年金/分红保险/房地产	目标：实现购房/购车心愿 要点：风险较高且需自负/收益性 渠道：股票/基金/投连保险/实业股权/房地产

图 4-1　资金分配的四个账户

从上述案例中不难看出，同样是一张小小的信用卡，最终使用效果却差别很大。对于月光族小柳来说，信用卡不但没有帮助他树立起良好的消费和理财的观念，反而放大了他的消费欲望，最终成为标准卡奴；而 H 小姐有正确的用卡理念，又拥有一定的用卡技巧，是典型的卡神。

就小柳而言，刚工作不久，又是单身，消费欲望很强，储蓄意识很差，是这个年龄段很普遍的现象，可以理解。但随着年龄的增长，用钱的地方很多，比如说买房买车、结婚生子，哪一项都不是小数，他需要靠努力工作增加收入，同时还要理性消费，尽早养成良好的储蓄意识。小柳应该从现在起坚持记账，关注每月的消费情况，减少不必要的开支。他可以把其中一张信用卡注销，另一张信用卡与工资卡绑定，设置自动还款。这样一方面发工资后能先还掉负债，避免负债越来越多，另

一方面关注每月消费账单，便于记账。等还清卡债之后，每月可取出固定的金额存起来，养成储蓄的习惯。

对于朋友眼中的卡神H小姐来说，她已经做得非常好。需要提示她的是，关注自己的信用记录，长期优良信用的积累会给持卡人带来很多高价值的回报。

理财师总结了信用卡的几点重要功能：

◇ 对账单的记账功能，明确消费情况。

◇ 绑定发工资日为自动还款日，相当于把工资提前领出来用于消费。

◇ 最长50天的免息应急金。有张具备一定额度的信用卡，能让你在面对突发事件时游刃有余。

◇ 预授权功能。

◇ 便捷的国际小额支付功能。

◇ 分期付款功能。

◇ 良好信用记录的构建平台，可以为你的个人信用记录加分，在申请商业贷款时会有优势。

养老篇

孟子曰："老吾老以及人之老，幼吾幼以及人之幼。"这是儒家仁者爱人思想的重要体现。可对于中国诸多421结构家庭来说，"老吾老"已感力不从心，"以及人之老"就无从提起，更不用说为自己未来的养老早做规划了。

社会制度、家庭结构的变革，已令"养儿防老"的中国式传统养老概念与时代格格不入。如何在自己力所能及之时，提前做好自己的养老规划，不给儿孙添负担，已成为当下人们关注的热点。

退休养老规划是个人理财规划的重要组成部分。无论是为了不给儿孙添负担，还是为了自己在将来拥有高品质的退休生活，都要从现在开始进行财富积累和资产规划。所谓"兵马未动，粮草先行"，一个科学合理的退休养老规划的制订和执行，将会为人们幸福的晚年生活保驾护航。

11

养老仅靠社保还不够

“社保是最基础的保，而不是包，事实上，我们是包不起的。”

——朱镕基

社保是我国公民社会保障中最基础的保险，也是每个公民都应拥有的最低保障。目前很多人心中或多或少存在一些误区，认为现在的社保很完善，有了社保，保障就很全面了。其实不然，社保就如同汽车的交强险，始终只是最基本的保障。

A 先生是山东省中部某地级市的国有企业职工，25 岁，刚刚参加工作，每月拿 4000 多元的工资，在当地不算低，又由于家中有房有车，小日子过得挺滋润。

A 先生是个有心人，平时爱关注各种热点新闻，也爱动脑筋琢磨。近来，一个保险公司的营销电话找到了他，尽管他断然谢绝了对方推销某款养老分红险产品的意图，但也开始对看似还很遥远的养老问题上了心。

这一天，他对一位理财师朋友道出了心中的困惑：新闻说到，2015 年中国将有超过 2 亿的人口是 60 岁以上的老年人，对于正值当打之年的人们而言，是一个庞大的负担；又有新闻说，由于负利率的侵蚀，躺在账户中高达 2.7 万亿元的养老金在 2013 年损失了 178 亿元，那可是大伙交的“养命钱”！不仅如此，坊间还流传着这样一个说法，如果按照月薪 1 万元的基准交纳养老金来算，退休后要活够 27 年才能回本。

更令 A 先生寝食难安的是：等自己 60 岁的时候，谁能为我们买单？

养老靠社保够吗？如果不够，应该怎么办？

理财师告诉A先生，像他这么年轻就开始考虑养老问题非常难得。当前，很多人对自己未来能领到的养老金“满怀信心”，只有少数人像A先生一样听说未来社会养老保险根本“靠不住”。那么，当我们退休时每个月到底能拿多少养老金呢？虽然未来的工资增长等方面的因素还不确定，但我们可以根据现有的政策和经济金融形势，在适当的假设条件下，大体计算出退休时每月能领到的养老金数额。

按照目前我国的养老金制度，退休后可以领到的养老金由两部分组成：一是基础养老金，由社会统筹部分支付；二是个人账户养老金，由个人账户积累部分支付。

理财师为A先生算了一笔账。A先生当年月平均工资为4200元，每月交纳8%的社会养老保险费，当地2013年社会平均工资为3584元，假设个人工资和当地社会平均工资的年增长率均为5%。又根据统计，1980～2013年国内居民平均消费物价指数（CPI）约为5.5%，以此作为未来的CPI假设数据。从长远来看延迟退休是大势所趋，因此假设A先生的退休年龄为65岁。

目前基础养老保险计算方法为

基础养老金 =（全省上年度在岗职工月平均工资 +
本人指数化月平均交费工资）÷2×交费年限×1%

式中，本人指数化月平均交费工资是指参保人员退休时上一年度全省职工月平均工资乘以本人平均交费工资指数；本人平均交费工资指数是指参保人员交费年限内历年交费工资指数的平均值；当年交费工资指数是指参保人员本人当年月平均交费工资与上年度当地在岗职工平均工资的比值。

A先生退休时的全省上年度在岗职工月平均工资为 $3584\times(1+5\%)^{40}=25231$ 元，本人平均交费工资指数为 $4200/3584=1.1719$，本人

指数化月平均交费工资 = 25231 × 1.1719 = 27045 元，则本人基础养老金 = （25231 + 27045）/2 × 40% = 10455 元。

个人账户养老金的计算公式为

个人账户养老金 = 个人账户储存额/计发月数

根据有关规定，基本养老保险个人账户按年度计息法计算，当年计入账户的资金计半息，上年滚存的资金计全息，目前年利率为银行城乡居民整存整取定期存款 1 年期利率，为简化计算，统一按现行 1 年期存款利率 3% 来计算退休时的个人账户养老保险余额：$4200 \times 8\% \times 12(1+3\%)^{40}/(3\%-5\%) \times \{1-[(1+5\%)/(1+3\%)]^{40}\} = 761635$ 元，也即每月可领养老金为 761635/101 = 7541 元（101 为国家规定的 65 岁退休时个人账户养老金计发月数）。

因此，A 先生退休时，每月可领取的基本养老金为 10455 + 7541 = 17996 元。

到养老时，仅靠基本养老金到底够用吗？

理财师介绍说，人们可以通过退休后养老金的数额与退休前工资数额的比率，看出养老水平的高低，这一比率就是业内用来衡量一个人养老品质的关键数据——养老金替代率。比如，一个人在职时的月薪为 1 万元，退休后每月领取养老金 4000 元，那么他的养老金替代率就是 40%。

国际劳工组织制定的《社会保障最低标准公约》提出，养老金替代率最低目标为 55%。中国社科院世界社保研究中心发布的《中国养老金发展报告 2012》对城镇职工基本养老金替代率进行了测算，2002 年我国养老金替代率为 72.9%，2005 年降至 57.7%，此后则更是一直呈下降趋势，到 2011 年，这一数字已降至 50.3%。社科院专家表示，近年我国的养老金替代率已经低于 50%，这意味着，人们退休后领到的养老金，连在职时工资的一半都不到。关于养老金替代率高低反映出的退

休对生活水平的影响，国际上有公认的区间：养老金替代率高于70%，即可维持退休前生活水平；在60%~70%，即可维持基本生活水平；如低于50%，则生活水平较退休前会有大幅下降。这一衡量标准适用于大多数工薪人士。

对A先生而言，他每月拿到的养老金仅为退休前月工资的67%（17996除以27045），仅够维持基本生活水平，如果要改善退休后的生活，比如增加休闲、旅游等支出，单靠养老金收入就力不从心了。

那么，可不可以现在多交养老保险呢？当然可以，但交费额度受制于两个方面：一是工资的高低。如果一个人工资本身就不高，那么多交显然是不现实的，实际上，大部分职工的工资都在上年度社会平均工资上下，甚至低于社会平均工资的占相当一部分。二是政策规定交费工资基数不得高于当地社会平均工资的3倍，高于3倍的部分不计入个人交费工资基数。

大概很多人都规划过自己的退休生活：衣食无忧、含饴弄孙、周游世界、悠闲自得……可是大多数人并不清楚要过上这样的退休生活需要多少钱。养老仅靠社保显然还不够，A先生代表的是我们大多数人未来养老生活的一个缩影，必须未雨绸缪，早做准备。

情况一：未参加社保。

没有参加社会养老保险的，应该根据实际情况尽快参加社会基本养老保险。毕竟，虽然养老保险不能帮助被保险人实现小康以上的生活水平，但如果按规定交纳，以目前情况来看，至少能够维持生活。

情况二：已参加社保。

参加社保的人们不能因为已经有了基本养老保险就觉得可以高枕无忧了，而应该增强有备无患的意识，再额外准备一些养老储备。关于资金积累的方式，一般来说，运用较广泛的退休规划金融工具主要有年金保险、基金定投以及股票等，这应该根据每个人的资产、负债、收支以及风险承受能力等情况进行选择。如果借助于专业人士的帮助，自己及早规划退休理财方式，并树立价值投资、长期投资的理念，做好资产配置，将每月结余资金按合适的比例投资于存款、理财产品、基金以及商业性养老保险等产品中，实现一个合理的预期投资回报率，无疑更有助于弥补养老保险的不足，确保自己退休生活的体面。

12

白领丽人提“钱”退休

决定是否可以退休的标准，不再是法定的退休年龄，而是你是否已准备好充足的退休金。

养老对现在刚参加工作的80后、90后来说，似乎是遥远的话题。许多白领热衷于各种时尚消费，虽然收入颇高，却多半成了月光族，别说几十年后的养老，能应付眼前的意外状况都不容易。其实，为了将来退休之后依旧保持生活品质，养老金这件事多早打算都不算早。有一些聪明的白领，开始工作时就通过多种方式准备预留退休金，让自己花钱花得更潇洒。

Linda小姐，80后，山东青岛人，在北京上完大学后留京工作，现在一家世界500强外企任职，税后收入每月约1.5万元，年底还会有一些奖金分红，通常在5万~10万元。Linda的父母都是国企退休职工，有不错的退休金，能自给自足。Linda每年过年回家都会给父母每人6000元的红包。Linda是家中的独生女，父母非常疼爱她，毕业后不久就为她在公司附近购买了一套小两居，父母出首付，由Linda出月供。假期时父母会来京和女儿小住或一家三口一起短途旅游。Linda所在的外企福利较好，除五险一金外，也为员工购买了商业补充医疗保险，90%以上的医药费都可报销。

和许多80后的女孩一样，Linda非常注重生活品质。电影、打球、阅读、聚会，她爱好众多，每年还会出门旅游两三次。但Linda也有良好的储蓄习惯，不做奢侈型消费，工作5年下来也存了20万元，一部分交给妈妈存了定期，另一部分在银行买了一点基金之后就没再关注其涨跌。

三年前，Linda 经朋友介绍认识了一位理财师 Wendy 姐。经过仔细讨论，Wendy 姐为 Linda 量身订制了财务规划，尤其提醒她应该开始准备自己的养老金。考虑到平时工作繁忙，也由于怕麻烦，根据养老金需要具备的确定性和安全性等因素，Linda 选择了一款保险公司的养老年金产品：年储蓄约 4 万元，储蓄 20 年，60 岁开始每月领取约 4000 元，持续终身，可有效补充社保。若交费期间发生重疾、伤残等问题，可免交后期保费，60 岁时依然正常领取；若交费期间身故，可获赔付至少 150 万元。

另外，Linda 还可通过基金定投的方式分散风险。基金定投从长期来看收益不错，定投款项每月从卡中自动扣除，十分方便，可作为品质养老金。对于 Linda 现有的储蓄，Wendy 姐也帮她做了一些配置调整。

我们来看 Linda 规划前后家庭收入支出及资产负债的一些变化，如表 5-1、表 5-2 所示。

表 5-1　收入支出资产负债（规划前，2011 年）

收入	20600 元/月	资产	144 万元
薪资收入	工资:15000 元/月	实物资产	房屋:150 万元(现值)
	奖金:5000 元/月	金融资产	银行储蓄:20 万元
理财收入	储蓄利息:600 元/月		基金:4 万元
支出	10500 元/月	负债	66 万元
基本生活开支	服饰美容:1000 元/月	房屋贷款	66 万元
	饮食聚餐:1500 元/月		
	房贷居住:5000 元/月		
	交通出行:500 元/月		
	学习运动:500 元/月		
品质生活开支	休闲娱乐:1000 元/月		
赡养开支	孝养父母:1000 元/月		
余额:10100 元/月		净值:78 万元	

表5-2 收入支出资产负债（规划后，2011～2014年）

收入	24350 元/月	资产	236.6 万元
薪资收入	工资：16000 元/月	实物资产	自住房：200 万元(现值)
	奖金：7000 元/月		名牌包：2 万元
理财收入	储蓄利息：350 元/月	金融资产	货币基金(T+0)：2 万元
	年金：500 元/月		银行理财：5 万元
	投资收益：500 元/月		长期年金：15 万元
			P2P：5 万元
			养老年金（现金价值）：7.6 万元
			基金：12 万元（现值）
支出	16800 元/月	负债	60 万元
基本生活开支	服饰美容：1000 元/月	房屋贷款	60 万元
	饮食聚餐：1500 元/月		
	物业水电：500 元/月		
	交通出行：500 元/月		
品质生活开支	学习运动：500 元/月		
	休闲旅游：1000 元/月		
	灵活机动：1000 元/月		
赡养开支	孝养父母：1000 元/月		
理财开支	养老年金：3300 元/月		
	基金定投：2000 元/月		
	房屋贷款：4500 元/月		
余额：7550 元/月		净值：188.6 万元	

规划后，Linda 的月度余额变化不大，但消费得更坦然。

Linda 准备明年结婚，现在住的小房子婚后出租，差不多可以覆盖相应还贷支出；先生的房子没有贷款，只是买车和生宝宝后会增加一些

开支，其余变化不大。自己的养老年金计划可持续施行，再为家庭建立完善的保障系统，若再出现意外情况，基金定投部分可随时中止或取出。随着小家庭的成长、成熟，资产会更多元化，被动收入会增加，到时需要再逐步完备养老金（见表5-3）。

表5-3 家庭收入支出资产负债（预期2017年）

收入	59000元/月	资产	798.7万元
薪资收入	先生：20000元/月	实物资产	自住房：500万元
	Linda：16000元/月		投资房：200万元
	奖金：15000元/月		名牌包：5万元
理财收入	房屋出租：5000元/月		珠宝首饰：5万元
	储蓄利息：1000元/月		黄金：10万元
	年金：1000元/月	金融资产	货币基金(T+0)：5万元
	投资收益：1000元/月		银行理财：20万元
			长期年金：25万元
			P2P：10万元
			养老年金（现金价值）：18.7万元
			基金：23万元（现值）
支出	**33800元/月**	**负债**	**53万元**
基本生活开支	服饰美容：2000元/月	房屋贷款	53万元
	饮食聚餐：3000元/月		
	物业水电：1000元/月		
	交通出行：3000元/月		
品质生活开支	学习运动：2000元/月		
	休闲旅游：4000元/月		
赡养开支	孝敬父母：2000元/月		
抚养开支	孩子费用：3000元/月		

（续）

支出	33800 元/月	负债	53 万元
保险开支	保障规划：3000 元/月		
理财开支	养老年金：3300 元/月		
	基金定投：3000 元/月		
	房屋贷款：4500 元/月		
余额	25200 元/月	净值	768.7 万元

提前退休是每个人的梦想，但用仅有的30年工作时间，在上有老下有小、事业压力最大的阶段，储备出未来的养老生活所需，是个难题。

Linda小姐是位有智慧的女士，在不到30岁、收入不错但花销小的时期就开始为自己规划。也许不能像有些人期望的40岁就退休，但利用时间效应，在未来老龄化社会最大的养老难题上，她会比大多数人都轻松。

养老金应具备这些特性：安全、持续、稳定、递增、现金。准备养老金要注意以下几个要点。

◇　尽早规划，运用时间效应（见图5-1）。

图5-1　养老投资早起步

◇ 逐步完善，搭配不同工具（见图 5-2）。

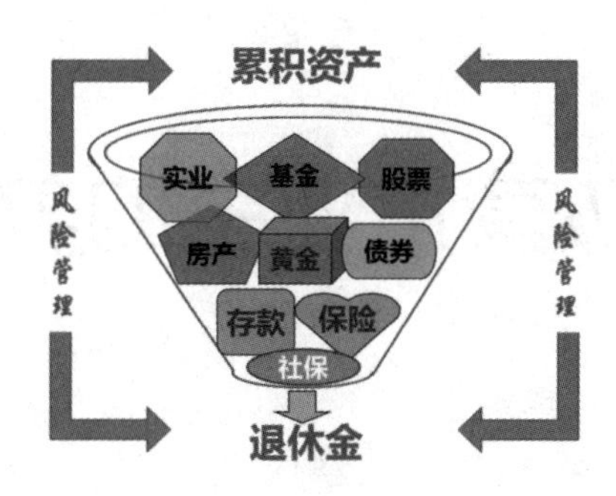

图 5-2 运用不同工具合理理财

由此可见，养老金不能仅仅依靠社保或者工作时期的积蓄，科学的结构应由多个部分组成，如案例中的 Linda 小姐，她的养老金就由投资账户、储蓄账户、年金保险、社会保险组成。

13

一个私营企业主的养老规划

十年河东，十年河西。智者留余，让财富终身陪伴。

进入中年，企业主们大多事业有成，企业进入稳步发展期，儿女也即将或已经成人，是时候停下来喘口气，仔细为很快就要到来的老年生活作打算了。私营企业主们与公务员或者普通白领不同，他们拥有的财富较多，可选择的养老保障也较广，不必局限于每月固定数额的工资，但同时身上背负的担子也更重。因此，如何最大化地发挥资金的效用，让辛劳半生的自己能安享晚年，必须有全面、合理的规划。

W 先生夫妇今年均 47 岁，两人是大学同学，毕业后一同被分配到某设计院工作。没几年 W 先生便离职与朋友一同创业，做外贸生意。W 先生夫妇有一个女儿，今年 16 岁，高中在读，计划大学毕业后去美国深造。在商场打拼多年，W 先生早就为养老做好了资金准备。

W 先生家庭资产的资产负债状况和收入支出状况分别见表 5-4、表 5-5所示。

表 5-4　W 先生家庭资产负债状况

家庭资产	金额/万元	占比(%)	家庭负债	金额/万元	占比(%)
现金、定期储蓄	200	6. 56	房屋贷款	50	100
债券、信托理财	300	9. 83	汽车贷款	–	–
股权投资	400	13. 11	其他贷款	–	–
自用房产	1000	32. 79	信用卡透支	–	–

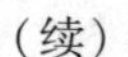
（续）

家庭资产	金额/万元	占比(%)	家庭负债	金额/万元	占比(%)
房产投资、黄金	1100	36.07	其他债务	-	-
汽车等资产	50	1.64			
合计	3050	100		50	100
家庭净值	3000	-	资产负债率	-	2%

表 5-5　W 先生家庭收入支出状况

年收入	金额/万元	占比(%)	年支出	金额/万元	占比(%)
男方收入	80	44	生活支出	30	30.86
女方收入	25	14	孩子杂费支出	7.2	7.41
房租收入	20	11	应酬支出	30	30.86
年奖金收入	20	11	旅游费用支出	20	20.58
理财收入	35	20	保险年支出	10	10.29
年收入总计	180	100	年支出总计	97.2	100
年结余	82.8 万元	留存比例	46%		

从资产负债表可以看出，W 先生有现金类储蓄 200 万元，占债权股权类可投金融资产的 22%，占比过高。由于 W 先生对资金的流动性要求并不高，负债率基本为零，所以可将储蓄类产品调至其他金融资产上。自用房产和房产投资所占比重偏高，但是由于投资性房产的区域优势明显，不作调整。

从收入支出表中可以看出，W 先生年薪在 80 万元左右，爱人在 25 万元左右；对外出租房产收入全年在 20 万元左右；年终奖金 20 万元，信托类理财产品年收益 35 万元。支出方面：家庭日常生活月支出 2.5 万元，全年 30 万元；孩子的学杂费和培训费支出 0.6 万元，全年 7.2 万元；应酬性支出全年 30 万元，旅游费用支出 20 万元。家庭年结余 82.8 万元，占收入比例的 46%。

W 先生通过家庭四个账户来安排资金的不同用途，以此解决未来养老保障问题，如表 5-6 所示。

表 5-6 W 先生家庭资金管理的四个账户

账户类别	投资金额/万元	资金投向
应急账户	50	保证家庭资金的随时使用，大部分投放在货币基金（T+0）中，收益率在 3%左右
财富增值养老账户	800	投资房地产，年租金收入 20 万元
	300	投资黄金的资金转为信托资金，年收益 30 万元
	400	股权产品退出时转债券类投资品种，年收益 40 万元
家庭成员保障账户	6	为家庭成员投保消费型医疗保险支出
	500	保险年金年回款 20 万元作为夫妇医疗费补充并作子女传承之用
教育、婚嫁金账户	450	债券及信托理财产品，年收益 45 万元

W 先生通过四个账户想解决家庭养老前及养老时的以下问题：

◇ 保证夫妇两人 55 岁退休后延续目前的生活品质。保证旅游费用每年 30 万元，生活支出 40 万元，应酬支出 30 万元，合计 100 万元。

◇ 保证夫妇两人延续高品质的医疗现状，另准备每年医疗补充费用 20 万元。

◇ 孩子的留学教育金准备 300 万元，婚嫁金准备 300 万。

◇ 将价值 400 万元的金融资产作为未来传承资产。

这四个账户的安排具体如下：

NO. 1：应急账户。

W 先生家的收入支出波动并不是太大，留出月支出的 3～4 倍作为应急资金足够了。目前家庭的平均月支出为7.3万元，房贷支出1.3万元，因此储蓄账户保留50万元作为家庭应急准备金即可，另外165万转入教育婚嫁金账户。

NO.2：增值养老账户。

投资性房产的收益每年20万元，另有每年2%的租金递增；投资黄金资产的300万元转为信托产品投资，参考目前债券和信托类产品的收益（8%～10%），年收益为25万～30万元；股权产品本金400万元，由于股权类投资品不太适合作为养老储备的投资品种，待产品退出时应一并转入该账户，改为投资债权类产品，年收益为35万～40万元。夫妇两人的养老金储备账户年收益合计在80万～90万元，加上未来的基础社会养老金15万元，合计90万～100万元，能够充分保障未来品质养老要求。

NO.3：家庭成员保障账户。

夫妇两人只有社保和部分商业保险，为提高医疗品质的要求，需要增加高端消费型年交的医疗保险进行完善。目前这样的产品包含门诊住院和自费用药等项目，W先生每年交的保险费用在2.5万元左右，太太和孩子的费用在3.5万元左右，合计约6万元，用以提高家庭医疗品质，降低自费用药住院费用的支出。股权收益500万元转换成保险年金产品，增加金融资产的持有份额。年金产品具有固定返还性，返还额每年约20万元，可作为W先生夫妇养老时的医疗费用补充，未来还可指定本款产品的直接受益人为其女儿，以达到直接节税传承资产的目的。

NO.4：教育、婚嫁金账户。

女儿以后有出国留学的安排，教育金储备需要长期规划。因此将300万元信托资金和定期存款中的150万元转移到这个账户的，投资于债券类信托投资品种，目前其年化收益约10%，每年收益约45万元，不做他用继续复利滚存，保证6年后教育金300万元储备和未来婚嫁金

300 万元储备。

家庭的财富传承问题一直是夫妇两人关注的话题。未来政府可能开征房产税和遗产税，W 先生已经安排 PE 收益后的资金转化成年金类金融保险资产，指定女儿为受益人，尽量减少以上税种出台后的损失。

老龄、养老以及未来养老中的保障等，已经由社会公共话题转变成了与家庭密切相关的话题。看看清华大学养老金工作室提供的一组数据：2012～2017 年，中国 14～64 岁的劳动人口开始下降，到 2035 年 65 岁以上的人口约为 2.94 亿。也就是说，现在是每 10 人中有 1 位老年人，但二三十年后，每 10 人中老年人的数量可能会达到 4 人，将出现 2 个纳税人供养 1 位养老金领取者的局面，所有的担子都将压在未来年轻人的身上。养成好的投资理财习惯，再通过多种的理财工具兼顾丰富的产品投资手段，自己动手做好除社保外之外的养老安排，能使未来养老生活更加有品质和尊严。

无论我们是面对或是无视养老问题，养老终将会发生在我们身上。应学习 W 先生，提早创立一个合理的、适合家庭的多维度账户体系，将储蓄、证券、保险、高端品质医疗以及与养老并轨的孩子教育婚嫁金问题、传承问题纳入管理，方能解决未来的养老难题。

14

退休前人士如何规划养老生活

退休前一定要规划好养老金，才能真正享受属于自己的生活。

人都免不了有年老体弱的那一天。到了年龄，就必须从工作岗位上退下来，开始全新的退休生活。随着医学的发展和人们生活水平的提高，退休后的日子可能并不比工作的年数短，但收入却几乎除了固定的养老金和前半生的积蓄，无法再有大的增长。在没有更多收入来源的情况下，怎样才能维持生活品质，保障老年无忧呢？

张大成今年 50 岁，太太端庄高雅，有一个 22 岁的儿子，家庭幸福和美。经过半生的努力工作，他在公司有很好的职位，稳定的收入，有房有车，太太的工作也很稳定，持家有道，儿子也即将大学毕业进入社会。张先生是所有人眼中的成功人士。但对于张先生来说，最让他得意的不是外人眼中看到的这些，而是他为自己所作的退休生活规划。

张先生在年轻时为了全家人能有一个好的生活环境而辛苦打拼，天道酬勤，他获得了与付出相匹配的经济收益。都说五十知天命，睿智的张先生深知美好生活是规划来的，自己能在工作中取得今天的成就也是由于抓住了主要问题，事半功倍地处理事情。在对养老问题有所了解后，张先生明确了自己所要关注的重点，为了节省时间和精力，他把养老规划全权委托专业的理财专家安排，自己只负责提出要求和提供可规划的资金。

张先生希望在退休后不用考虑基本生活费用，即我们通常生活中必不可少的衣食住行的开支。这部分资金应该以现金流的形式存在，不能受到各种突发状况的影响。张先生知道，我国现有的社保制度是一项国家福利，在养老金储备过程中扮演基础的角色，能解决晚年基本的生活问题。

张先生还希望能在退休后能享受有钱有闲的品质生活，能利用空闲时间多进行一些养生保健、外出旅游等活动，尽享天伦之乐，而这些显然不能靠社保解决。

根据张先生的需求，理财经理为他选择了一份短期储蓄的年金类型商业保险产品，该款产品在张先生晚年每年都会返还一笔现金直至其身故，为保证品质生活提供后备，且不用他操心打理，轻松无忧。

张先生知道，儿子这代独生子女结婚之后，在负担自身生活、购房、医疗和子女教育的同时，还要赡养4个老人，这对小夫妻来说无疑是个沉重的负担。对于这一点，不同的老人有不同的做法，有的是定额给子女费用，有的是留余额给子女，有的则是完全不留，自己花完。张先生之前给儿子购买了一些商业保险，自己名下的两套大面积住房中的一套也是未来留给儿子结婚用的，所以短期之内不需要为他准备太多的资金。他对儿子的安排，就是将购买的养老年金性的商业保险的收益部分用来提高自己的品质生活，而把本金留给儿子。这是一个确定的、不会受任何因素影响的指定传承，解决了后顾之忧。

张先生在养老规划中关注的第四个点，就是可能出现的突发事件需要额外的支出，这将影响到未来的养老生活。例如未来自己身体变差需要医治的支出，自己投资过程中由于决策错误造成的损失，亲友有紧急状况需要经济支援，儿子出现突发状况或者想自己创业需要资金支持等，所以应将一部分的流动资金以稳健的投资方式处理，将风险控制在可承受范围内。

首先，将部分存款重点配置货币型基金和债券型基金。货币型基金

年化收益率通常在4% ~5%，且流动性好，债券型基金年化收益率通常在6% ~10%，虽然流动性较差，但收益率较为可观。

其次，在银行购买一些3 ~6个月的短期理财产品，获取5%左右的年收益，也不用承担太大的风险，流动性又比较强，还能抵御一定的通胀，随时用来解决突发的应急事件。

最后，最大的那部分金额超过100万元，理财经理建议他投资于收益较高、风险相对较低，而且时间也相对固定的固定收益类信托理财产品。张先生不需要投入太多的时间和精力，他信任的理财专家会在把握好风险的前提下挑选收益较高的产品类型信息提供给他，由他做最后投资决策。

对于养老金的规划，这里有几个基本原则：

◇　如果马上要进入养老阶段，退休金储备以保本为主，过度投资不见得是好现象。稳健的投资理财工具才是首选，如表5-7所示。

表5-7　多种理财工具比较

理财工具	风险性	获利性	保本性	资金属性	节税性
银行定存	低	低	高	短	低
股票	高	高	低	短	低
债券/债券基金	中	中	中	短	低
投资型保单	中	中	中	长	中
年金	低	低	高	长	高

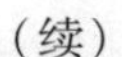
（续）

理财工具	风险性	获利性	保本性	资金属性	节税性
房地产	高	高	中	中	高
储蓄保险	低	低	高	长	中

◇ 退休规划关系到未来数十年的生活，必须做一个长远而细致的计划，不能只依靠单一的理财渠道来完成。搭建好退休金组合至关重要，如图 5-3 所示。

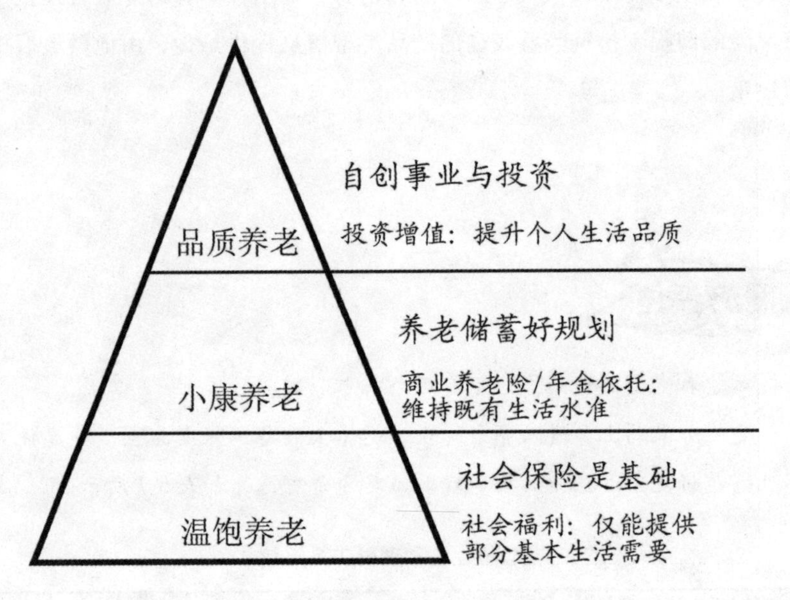

图 5-3　养老金构建养老金字塔

◇ 设定退休后的生活方式，算出退休前后费用支出的差异。退休后生活来源可以分为直接及间接两部分，直接来源指退而不休所得报酬，间接来源为退休前的储蓄投资。

教育篇

亲爱的宝贝：

还记得你刚刚降生的那一瞬间，爸爸妈妈感觉自己成为了世界上最幸福的人，整个家庭都因你的到来而发生了变化，你是我们生命的全部。爸爸妈妈从此更加热爱生活，更加努力工作，也从此真正地感受到了什么叫做责任。

我们希望你可以健康、快乐地成长，希望你可以实现真正属于你的人生梦想……然而我们知道，每一个梦想的背后，都需要一定的财富支持。今天，我们尽我们所能地提前为你做好了教育金的储备，爸爸妈妈非常开心，也非常轻松。此后无论我们家的经济怎样，都能让你接受最好的教育！

宝贝，我们爱你，特别爱你！

爱你的爸爸妈妈

15

百万宝贝教育计划

现在不等于将来，在有能力时为子女构筑最基础的教育费用，是父母最保险的爱。

如果问起什么是上天赐给父母最珍贵的礼物，答案一定是孩子。很多父母都希望在自己有能力时，给孩子留下足够的资产，以保证未来不管发生什么情况，都能给孩子建立一道稳定生活的屏障。那么，如何为子女的未来做好规划呢？

X 先生今年 33 岁，是一家外企的中层管理人员。太太在国企工作，工作稳定。2013 年，这个令人羡慕的家庭有了他们的第一个宝宝——一个人见人爱的女儿。一家人沉浸在幸福中，恨不得把一切都给孩子。

女儿将近一岁，X 先生开始考虑孩子未来的规划，也常与身边的同事聊起此事。大家对孩子的期望各不相同，有的希望孩子能随心所欲发展，也有的希望孩子能出国深造。但是大多数人也并不清楚，如何从现在开始进行财务安排，针对孩子未来的教育和生活做出相应的规划。X 先生曾在国外留学，对美国的教育理念颇为认同。他一方面希望孩子将来高中毕业后，可以去美国大学进行深造，开阔视野；另一方面也希望能给孩子准备一笔基本的费用，让女儿未来不管工作如何，都不至于过得太辛苦。

如何给孩子准备这一笔钱呢？X 先生通过朋友结识了一位资深财务顾问，两人对此进行了深入的探讨。财务顾问建议他，先按照家庭的实际支付能力，逐步给孩子建立一个独立的账户。X 先生和太太商量了一下，按照现在的美国大学留学费用，大致需要60万元人民币，再算上通货膨胀和希望给孩子的基础生活保障，怎么着也得建立一个100万元的账户。于是，X先生和太太对财务顾问提出了他们的担忧。

第一，如何保证一定能给孩子建立起100万元的资产账户。

第二，如何保证给孩子留下的资产一定安全。

第三，给孩子留下100万元，怎么避免她挥霍无度。

X先生认为以自己的资产，不可能一次性给孩子建立100万的账户，势必要一步步逐渐建立。在这一过程中，如果发生意外导致收入中断，会不会影响到孩子的资金账户？

由于X先生目前正处于财富创造期，财务顾问建议他用10年时间，每年存10万元，在保险公司给孩子建立100万的年金账户。同时，在年金中使用豁免功能，即如果投保人身体无恙，则由投保人给孩子每年存钱；而一旦投保人发生重疾/伤残/身故等风险，则由保险公司来存满剩下几年的储蓄。这样，不管投保人发生任何风险，都一定能给孩子建立起100万的资产。

另外，财务顾问给X先生规划了200万保额的终身寿险搭配，给太太规划了100万保额的终身寿险搭配，以保证家庭发生任何风险时，都有一定的现金应付，不需要动用原本留给孩子的资产。具体规划如表6-1所示。

表6-1　家庭终身寿险搭配

成员	保额/万元		
	身故	重疾	伤残
X先生	100	100	100
X太太	50	50	50

按照规划，孩子终身可以享受的专用账户收益如表6-2所示。

表 6-2　孩子的 100 万保险年金规划

年龄	阶段	给宝贝的规划
12～14 岁	初中阶段	
15～17 岁	高中阶段	6 万元/年×3
18～21 岁	大学阶段	10 万元/年×4
22～23 岁	硕士阶段	15 万元/年×2
24～28 岁	婚嫁阶段	50 万元婚嫁金
29～60 岁	家庭成长	3.8 万元/年×30 年生活补充
	品质生活	或不领取，累积至 60 岁，账户中有随时可用的现金 200 万
60～85 岁	养老阶段	15 万元/年×25 年养老补充
85 岁以后	身后阶段	至少 105 万元免税财富转移

同时，这个账户还拥有强制储蓄、不可随意动用的功能。每年拨出 10 万元进行强制储蓄，可以提前为家庭的一些长期基本支出做好准备，且采用年金方式给孩子留下的这笔钱，具有资产隔离的功能。这是属于个人专有的资产，与其他家庭、企业等资产完全隔离，无论未来子女碰到什么问题，都不会遭到追偿和分割。这笔钱能按照父母的心意保护子女一生。

财务顾问表示，此年金产品每年还会产生固定的利息并写进合同，孩子可以按照合同约定的数额来领取每年的利息。但年金产品的本金是储蓄在保险账户里的，不能随意动用。这样，就通过额度的限制，避免了子女一次性或者短时间内花光这笔资产的可能性。同时，由于每年年金都会产生一部分收益，所以又能保证不管在任何情况下，子女的正常生活都能得以维系，使得父母的爱而非溺爱伴随子女一生。

另外，财务顾问提到，年金账户还有另外一层不可忽略的用途，就是应急现金的来源。所谓天有不测风云，人有旦夕祸福，应急金作为家庭资产的重要分支，在危急时刻极可能成为扭转局面的契机。年金无疑是极好的变现工具，如果家庭发生风险，保单贷款功能可以贷出100万元中的90万元，到账迅速，期限不限。年金既可以在第一时间应对紧急情况，又可以保护家庭的既定投资不被打乱。

X先生和太太听了财务顾问的建议，决定当即开始着手，给女儿建立这个100万元的年金账户。

长期储蓄作为资产配置的重要分支，其中有相当大的部分都是依靠年金配置来完成的。在当今社会，随着医疗条件和生活质量的提高，英年早逝固然是一个风险，然而过于长寿也存在着经济风险。

大多数父母都希望未来子女可以从事自己喜欢的事业。所以，他们愿意提供一份基础的支持，让子女能够高飞，实现梦想。

因此，年金保险以其独特的特点，得以留存资产、规避风险、规划生活，成为越来越多父母第一步的选择。

16

给孩子一个确定的未来

不要让父母的爱因时间而消逝，给孩子一个确定的未来，让爱陪伴孩子终身。

在孩子成长的道路上，存在着各种危机。

意外伤害是第一杀手。很难想象，儿童中超过50%的健康伤害都来自于意外事故，主要包括交通事故、烧烫伤、溺水及误吞误服等。发生这些事故的主要原因是因为婴幼儿发育尚不健全，对危险的感知能力差，看护人一旦疏忽，就有可能酿成悲剧。根据意外事故的伤害程度不同，所需的医疗费用从几千元到几万元不等。

恶性肿瘤排名次席。目前儿童最常见的三种恶性肿瘤是白血病、脑和神经系统肿瘤以及淋巴瘤，分别占总发病数的35.8%、17.9%、11.3%。白血病的治疗成本在15万~60万元，脑和神经系统肿瘤在5万~10万元，淋巴瘤在6万~30万元。

先天性疾病位列第三。例如先天性心脏病的治疗成本在5万~10万元，先天性脑血管疾病的治疗成本在2万~8万元。其他先天性疾病，因所在地区、医疗水平情况不同，花费也不尽相同。

一旦孩子不幸遇险或患病，父母势必要承担沉重的医疗费用。如何避免“辛辛苦苦三十年，一病回到解放前”的悲剧？通过合理的保险配置，年轻父母们能将有可能出现的风险转嫁出去。

果果今年1岁，果果爸是公司经理，年收入50万元，果果妈年收入30万元。从当初得知怀孕的那一刻起，果妈就计划着如何打理果果

的未来：给果果什么品质的日常生活？如何让果果从小身体强健、头脑灵活？一旦发生意外或患病了该怎么应对？送果果去什么样的幼儿园？让果果上什么样的小学、初中、高中？如何确保果果……

作为理财规划师的果妈解决了部分问题——用科学的理财规划为孩子打造“金刚不坏之身”，铺就一条确定的未来之路。

在果果出生之前，果妈就选择了脐带血造血干细胞储存。这项保障适用于生产前的孕妈妈，脐带血造血干细胞将保存 18 年，抵御未来万一需要脐带血干细胞移植而带来的风险。

果爸果妈还为果果选择了提前给付类商业保险。该保险适用于所有少年儿童。根据保额不同，保障范围不同，各家保险公司的产品各有不同，费用一般在几百元到几千元不等。其最大的特点就是不仅可以报销医疗费用，还可以根据保额提前给付。

果果爸妈为果果购买了一款商业保险，年交保费 7500 元，连续交纳 20 年。孩子 60 岁之前一旦罹患重大疾病，可获赔 45 万元用于治疗或术后营养补充；孩子平安无事到 60 岁，可获得 30 万元养老金以及不菲的分红。

果妈还打算给全家选择全球高端医疗计划。该计划适用于对医疗品质要求相对较高的家长，一般每年需交费 5000 元至 1.5 万元，涵盖门诊、住院以及全球紧急救援费用等。

在做好全面保障安排之外，果爸果妈积极带孩子参与各种亲子活动，例如金宝贝、乐游宝宝等，这可以增强他的体能，让他较早地融入社交圈，体会共存与协作。

接下来需要考虑的是让他上什么幼儿园，上什么小初高，怎么上大学，去哪儿上。

果果的幼儿园已经看好了，是一个活动面积超大的公园式幼儿园，班上配有两名中国老师，一名外教，一名辅教，每月外出活动不少于两

次，午晚餐全包含，学费要 6 万元/年。儿子从 2 岁半开始入园，一直到 6 岁，此项总共支出 24 万元。

果果的户口所在地划片就有本市重点小学，如果顺利的话，小学毕业之后，同一划片还有本市重点初、高中可供选择入校。凭借这一优势，果爸果妈不用额外支出动辄十几万、甚至几十万的择校费了。但是对于那些没能进入重点学校的孩子家长们，就必须再花费心思亲自或者请老师监督孩子的学业了。

果果将来如果学习成绩好，就在国内重点大学上学；如果他要去国外留学，即便在获得全额奖学金的情况下，美国、英国等发达国家的生活费差不多需要 5 万美元/年，四年大学的支出肯定在百万人民币左右。

综合以上各项数据，果果到大学毕业，至少需要人民币 200 万元。算到这里，果爸果妈感觉到自己身上的担子沉甸甸的。

在孩子上学前，每年用于他身上的支出大约是 15 万元，如果能够建立一个被动收入账户，完全覆盖这项支出，那果果家的生活就会美好很多。果妈建议果爸投资信托——只需要投入 150 万元的本金，年化收益率在 10% 左右，完全覆盖了果果上学前支出。

而果果上学后的支出相比来说有所下降，此后每年信托收益中多余出来的这部分可以用于全家旅游。俗话说：读万卷书不如行万里路，行万里路不如阅人无数。让孩子从小就拥有开阔的眼界是一件非常重要的事情。

在他们的共同努力下，未来果果家年收入有望达到 100 万元以上，那么手头的可投资资产就会逐年上升，被动收入也会逐年上升，那时的生活必然是悠然自得、从容进退的，给孩子的未来也一定能确定。果爸果妈不仅可以轻松地供他上完大学，连孩子创业、结婚的资金也提早准备出来了。

每个人来到这个世界都是有原因的，责任与义务，自我们诞生之日起便已有了。或许亲朋好友没有要求我们一定要怎样，但人活一世，不能不顾及考虑他人，尤其是身边最亲密的人。

但是当我们面临离世，身上的责任即将卸去的那一刻，留给孩子的，不能只有悲伤！

现在，我们郑重地向孩子承诺：我们会照顾好自己，也会保护好你，无论我们在不在都会竭尽所能地照顾你。那个确定的未来，属于未来的那个你，已经与我们的生命融合在一起！

传承篇

中国是一个文明古国，一谈到传承，大家首先想到的都是诗书礼仪方面。而对于资产的传承，因为社会制度、历史文化等各方面的原因，相较于西方国家，我们的认识还很落后，制度也不完备。

改革开放以来，人们越来越富裕，随着富一代们的逐渐老去，财富传承的问题也开始凸显。子女对簿公堂，是很多资产传承上出现问题的真实写照。生活在新的金融时代，我们是否能考虑借助金融工具，让传承下去的是真正的财富而不是负担呢？

17

李阿姨的遗嘱安排

财富传承不能重来，多些法律咨询，方可万无一失。

越来越多的中国第一代真正意义上有资产的人，进入了考虑如何处置遗产的阶段。近些年，关于遗产、遗嘱的纷争与官司越来越多。法律在遗产传承中所承担的角色越来越多重要。

然而绝大多数人对遗嘱、遗产、婚姻法等缺乏基本的法律认知，且根源上缺乏必要的法律意识，从而造成了很多本可避免的家庭矛盾和纷争。

“张律师，您快帮我参谋一下吧！我要写个遗嘱！这个女人快把我给气死了！我什么也不能留给她！”李阿姨情绪明显有些激动，一口气说了一堆话。

“李阿姨，您慢慢说。”张律师把老人扶到椅子上坐下，听她讲清了原委。李阿姨58岁了，只有一个独生子已经成家。李阿姨老两口有一套房子，在李阿姨名下。家里婆媳关系长期不好，她总是怀疑儿媳惦记着这套房子。今天她又跟儿媳吵架了，一气之下来找张律师，想问问能不能写个遗嘱，以后这套房子只留给儿子，不留给儿媳。

张律师听李阿姨讲完以后，对李阿姨说：“李阿姨，您别急，我先给您讲个真实的故事吧。”

贾阿姨和丈夫齐先生共生育有5名子女，大女儿齐雪最孝顺。1999年8月，齐先生与单位签订购房合同，购买房改房一套，购房款24000

元，房屋登记在齐先生名下。此后，老两口一直居住此房，生活起居齐雪照顾得最多，老两口商量着这套房子等他们百年之后就留给大女儿。

2001 年，齐先生患了中风，感到自己的身体状况越来越差，齐先生想将房屋的安排确定好。由于知道不能由继承人齐雪代书遗嘱，他便叫来老二齐娇，代书了一份遗嘱，内容为："等我去世后，我名下的房屋归齐雪所有。"齐先生在遗嘱上签了字。

2003 年，齐先生去世后，贾阿姨也由他人代书了一份遗嘱，内容和齐先生的遗嘱内容一样。由于不会写字，贾阿姨让他人代签了名字，又按了手印。虽然有了两份遗嘱，但是齐雪还是担心房屋不能按遗嘱继承，听说办理赠与公证可以保证万无一失，于是齐雪动员母亲将房屋现在就赠与自己，并办理公证。

2003 年 12 月，贾阿姨和齐雪到北京市公证处办理公证赠与。但是，公证处了解了房屋情况及齐先生的遗嘱后，告诉齐雪和贾阿姨，由于房屋属于齐先生与贾阿姨的共有财产，齐先生去世后，其所有的份额并不是遗留给贾阿姨，因此贾阿姨不能将整个房屋赠与齐雪，只能将房屋中属于自己的份额赠与齐雪。为此，公证处公证了贾阿姨自愿将房屋中属于贾阿姨的全部份额赠与大女儿齐雪，齐雪经北京市公证处公证同意接受赠与。

2008 年，贾阿姨因病去世。贾阿姨去世后，该房屋由齐雪使用。虽然房屋一直没有办理过户，但是齐雪觉得有了公证书和两份遗嘱，房子肯定属于自己，办不办也就无所谓了。

没想到的是，过了几年，北京房价疯涨，原来 2 万余元购买的这套房改房已经涨到近 300 万元。齐家其他四姐弟觉得房子不能归齐雪独有，找到齐雪要求将房子由五个人分割，除了贾阿姨赠与齐雪的部分，其他份额由 5 个子女平分。齐雪没想到几个弟妹居然还惦记着这套房子，于是决定去办理房屋过户。可是，到了房屋登记中心，齐雪傻了

眼，原来由于没有齐先生的赠与或者遗嘱公证，只有贾阿姨份额的赠与公证是不能办理整个房屋过户的。房屋登记中心还告诉齐雪，如果想办理房屋过户，只能去法院打官司，取得法院的判决书才能办理过户。无奈之下，齐雪只好去法院起诉了弟弟妹妹。

齐雪在起诉书中认为，母亲贾阿姨本身就拥有房子产权的50%，父亲齐先生的法定第一顺位继承人（配偶和五名子女，共六人）拥有继承权，这样，涉案房屋中贾阿姨所占份额应当为7/12。母亲已将这套房子她所拥有的份额赠与她，归她个人所有，剩余5/12为父亲的遗产。但是父亲的遗嘱也写明将房屋给她，所以要求涉案房屋全部由她个人继承。

法院认为：法律规定，代书遗嘱应当有两个以上见证人在场见证，由其中一人代书，注明年、月、日，并由代书人、其他见证人和遗嘱人签名。关于齐雪的两份遗嘱，齐先生的遗嘱为代书遗嘱，代书人为齐娇，没有两名以上见证人，不符合代书遗嘱的法律规定，该遗嘱无效。贾阿姨的遗嘱亦为代书遗嘱，但没有贾阿姨的签字，也不符合代书遗嘱的法律规定，也属于无效遗嘱。法院不支持齐雪按照遗嘱进行继承的主张。涉案房屋属于齐先生与贾阿姨的共同财产，在齐先生去世后，应当有一半份额属于贾阿姨所有，剩余一半齐先生的份额中贾阿姨还可以继承1/12的份额，贾阿姨在涉案房屋中共占7/12的份额。贾阿姨经公证处办理公证赠与，将属于其所有的涉案房屋中的份额赠与给齐雪，法院不持异议。贾阿姨赠与齐雪的份额应为房屋7/12的份额。其余5名子女各占1/12的份额，这样齐雪所占份额为8/12。由于齐雪在涉案房屋中所占份额最多，故房屋归齐雪所有，由齐雪给付其他继承人折价款为宜。

这样，法院作出了最终判决：

1．位于北京市xxx号房屋归原告齐雪所有。

2. 原告齐雪于本判决生效后三十日内给付被告齐娇等四人每人房屋折价款 23 万余元。

从这个最终结果来看，齐先生和贾阿姨的遗愿没有实现，房子本应全部归齐雪所有，但是加上她自己所自然拥有的遗产部分，她最终只得到了 8/12 的份额。虽然法院将房屋判给齐雪，但是她还要补偿其他几个继承人相应价款共计 90 多万元！

案例讲到这里，李阿姨瞪大了眼睛，“张律师，您是说这套房子有我老伴的一半，我说了给谁还不能算？”

张律师说：“是这样的，李阿姨。但您别着急，我给您提点建议。您老伴应该写一份遗嘱，明确他的遗产全部归您所有。如果没有这份遗嘱，您就要和您的儿子平分您老伴所拥有的房屋 50% 产权。您老伴按此设立合法的遗嘱，在他百年之后，您才拥有全部的房屋产权。假如您先于老伴过世，您同样可写一份遗嘱讲明遗产遗留给老伴，并要求老伴也写一份遗嘱，声明遗产只留给儿子，不包括他的法定妻子。注意，最后一句话‘不包括他的法定妻子’很重要，否则这部分遗产就成为了夫妻共同财产。”

法律在家庭理财中起到十分重要的作用，特别是在遗产规划和传承过程中显得尤为突出。在对自己百年身后事做规划的过程中，有以下几点要特别注意。

◇ 按我国现行《婚姻法》，登记在自己名下的资产如房产等，并不一定是完全属于自己的个人财产，某些情况下，还有属于配偶的一部分，因此在设立遗嘱过程中不可以随意分配。

◇ 遗嘱的设立是个十分严谨的法律过程，有很多因素会造成遗嘱无效，如未写日期、不是亲笔签名、缺少见证人、分配不属于自己的财产等。因此，应该寻求专业律师帮助设立合法有效的遗嘱。

◇ 我国现行婚姻法实施“共同财产制”，也就是说，婚后所获得的继承遗产也是属于夫妻共有的。因此，如果父母希望定向传承于子女而不包含其配偶，应该在遗嘱中进行明确、合法、有效的“不包含”安排。

18

这样做，可以富过三代

有时间考虑传承，“困惑”也幸福。财富，一定要来得及传承才是爱。

改革开放创造了中国腾飞的奇迹，也让许多人掘得了第一桶金，从普通人摇身变成新晋富豪。三十多年过去了，一大批草根创业的企业家逐渐步入高龄，传承已经成为绕不过去的问题。

创业易守业难，如何逃脱“富不过三代”的怪圈是创一代们最为关心的话题。根据胡润研究院发布的报告显示，中国内地的千万富翁已达105万人，中小规模的家族企业数量则更多。但据统计，东亚地区的家族企业只有13%能成功地传承到第三代。这个数字足以让现在还在含辛茹苦打拼江山的很多本土富豪心灰意冷。无论是采取所有权与经营权分离，即只传承财富不移交企业经营权，引入高素质职业经理人经营企业，还是依照最为古老的血缘传承，将支配财富和经营企业的权力一同交给自己的下一代，创一代都必将面对财富的传承问题。

“Aron有两个孩子，压力好大。Ice虽然只有一个孩子，但是他一个人带孩子也很辛苦。也不知道以后他们兄弟俩谁会发展得更好，以后就给发展稍差些的多点支持好了，这样他们都能过得去。”

L先生是一家上市公司的大股东。与众多民营企业一样，这家公司起步于家族模式。公司最大的五位股东均来自这一家族，分别担任董事长、财务总监、总经理、市场总监、人力资源总监这几个企业中最重要的职位。五位“创一代”彼此信任，艰苦奋斗，共同创造了这家现今市值百亿的上市公司。出于对企业发展的长远考虑，也为了避免富二代经

营不善，搞垮企业，他们决定不以父辈股份占比传承经营权，而是引入职业团队管理，这样，单一的家族企业才有可能发展壮大为群体式的企业家族。同时，他们设立了专项基金，富二代将根据父辈占股比例，享受基金收益，满足日常生活需求。虽然公司经营权的问题暂时解决，但除股权外，L 先生还有众多其他资产需要传承，如表 7-1 所示。对此，L 先生尚有顾虑，还未能决定。

L 先生和 L 太太两人白手起家挣得一份家业，感情很好。他们有两个儿子，大儿子 Aron 今年 32 岁，已婚，育有一子一女，全家移民美国。二儿子 Ice 今年 30 岁，离异，带着一个儿子，现在和父母生活在一起。和他们的堂兄弟姐妹一样，Aron、Ice 并不在企业内就职，而是选择自己创业，只是根据父母的占股比例每年从专项基金里领取分红。

现在 Aron 和 Ice 都处于事业发展期，未来走向尚不明确，所以，L 先生夫妇一直持观望状态，希望先考察他们的能力。L 先生夫妇并没有对大部分的资产提前分配：给了，怕他们不能合理利用，与自己的意愿相悖，失去对财产的控制权；不给，又怕最终分配得不合心意，导致两兄弟失和。不过，对资产迟迟不做传承安排也存在很多潜在问题，一旦夫妻俩突然离世，遗留的这笔资产有可能不但不能给两兄弟带来幸福，还会使他们兄弟反目，失和分家。

表 7-1　L 先生的资产结构及其传承

资产	目前方式
股权	专项基金，只享受分红
房产	赠送给两个儿子各一套价值 1000 万元的房产，自留房产价值约 3000 万元人民币
现金	尚未传承，不定期支持儿子创业
保险	指定受益人，合计总额 500 万元
其他资产	尚未传承

关于财富传承，L先生夫妇做了很多研究，也咨询了多位资深理财师。他们希望传承安排能明确安全，且改动方便，能随时根据情况进行调整。

目前人们普遍采用的多种传承方式各有其特点。

◇ 专项基金、家族信托——超级富豪专享的传承工具。

经营权和收益权分离的专项基金能保证富二代享受企业红利，但又不损失本金，是很好的传承工具。这种家族基金或称家族信托最早出现在长达25年的经济繁荣期（1982～2007年，被政治评论家凯文·菲利普斯称为“美国第二个镀金年代”）后的美国。家族信托是将资产的所有权与收益权相分离，富人一旦把资产委托给信托公司打理，该资产的所有权就不再归他本人，但相应的收益依然根据他的意愿收取和分配。富人如果离婚分家产、意外死亡或被人追债，这笔钱都将独立出来，不受影响。且根据国外法律规定，该种方式还能有效规避遗产税。但该方式门槛较高，并不是所有人都能拥有。专项基金、家族信托在国内外都只由亿级富豪们独享。

家族信托在中国大陆刚刚起步，国内第一个家族信托计划由平安信托于2013年初推出。受托人为40多岁的企业家，资产总额度5000万元，合同期为50年。当合同到期时，若创一代已经百年，财产将由富二代继承。如果富二代利用不当，挥霍财产，一样会失去财产。

◇ 保险定向传承——便捷、经济的传承工具。

2013年2月，国务院批转了发展改革委、财政部、人力资源社会保障部制定的《深化收入分配制度改革若干意见的通知》，其中第十五条指出“研究在适当时期开征遗产税问题”。一般来说，被继承人投保人寿保险所取得的保险金不计入应征税遗产总额。这里所指的保险金必须为指定受益人的保险金，没有指定的按遗产处理，其父母、配偶和子女享受共同权利。具体方式如表7-2所示。

表 7-2　不同保险规划的法律意义

投保人	被保人	受益人	法律意义
L 先生	Aron Ice	第三代	财产所有权归 L 先生，收放自如，隔离资产为 Aron、Ice 提供人寿、大病保障，并保障 Aron、Ice 衣食无忧（年金保险）。资产家族内部流转，不受婚姻、债务影响，富传三代
L 先生	L 先生	Aron Ice	财产所有权归 L 先生，收放自如，隔离资产，财富加倍传承为 Aron、Ice 的个人财产，不受婚姻、债务影响

保险具有杠杆和法律两个属性，能使财富加倍放大指定传承。保险属于投保人的资产，投保人可随时变更受益人及其被分配的比例，一周时间生效，无任何手续费，可用于融资、周转，也可随时解除合同变现，收放自如。保险资产独立于其他资产，安全隔离，不受投保人、被保人的婚姻风险或债务风险影响。同时，投保过程无需告知受益人，安全保密，避免亲人纷争。

但保险定向传承的受益人范围狭窄，且只能现金投保，创一代很难将所有财产都以该种方式传承给富二代。因此，保险的投保金额以税费额度为限，是比较合理的数额，能保证富二代顺利继承所有遗产。

根据已开征遗产税的一些国家遗产税法规定，继承者需先交纳遗产税，才能顺利继承遗产，不能以遗产抵交税费的方式继承。这也就是为什么美国每年有大批人因无法交纳遗产税而放弃继承遗产的原因。我们假设，L 先生的所有财产市值 1 亿元人民币，需交纳遗产税 5000 万元，L 先生希望将这 1 亿资产平分给 Aron 和 Ice。此时 Aron 和 Ice 必须先各交纳 2500 万元遗产税，之后才能继承到 5000 万元财产。这种情况下为避免儿子无力交纳遗产税，L 先生可为自己投保身故保险金为 5000 万的人寿保险，当 L 先生百年之后，Aron 先生和 Ice 先生可以获赔 5000 万元用于交纳遗产税，顺利继承所有财产。

◇ 遗嘱——最常见的传承工具。

遗嘱分自书遗嘱、代书遗嘱、口头遗嘱、录音遗嘱和公证遗嘱五种形式，如表7-3所示。公证遗嘱的法律效力优于前四种方式，一般建议采用此种方式。

表7-3 遗嘱的形式及其效力

遗嘱形式	效力
自书遗嘱	逐字逐句
代书遗嘱	见证人问题多
口头遗嘱	生死未卜
录音遗嘱	争议最多
公证遗嘱	效力高、程序繁

不管创一代目前的身体状况如何，我们都建议创一代预先设立遗嘱，以免突然离世，家人争产失和。

在专业理财师的协助下，L先生夫妇已经开始行动。根据理想的生活标准，他们划分出了养老基金，配置保险，设立自书遗嘱。当资产梳理完成后，他们还将逐步执行家族信托，设立公证遗嘱。L先生夫妇传承安排方案的结果还待实践验证。但是，对于这样的综合安排，L先生夫妇安心了很多。减少了担忧的他们和小儿子Ice及小孙子一起，经常到美国看望大儿子，一家人其乐融融。

财富的传承方式多种多样，没有绝对完美的方案，可以说各有利

弊，如表 7-4 所示。

表 7-4　信托、保险、遗嘱多方面优劣对比

	信托	保险	遗嘱
受益人的范围	+	−	+
避税	+	+	−
管理成本	−	+	− −
债务隔离	+	+	−
可否用于融资	−	+	−
保密性	+	+	−
规避后代经营风险	+	+	−
是否可以增值	+ +	+	−
财产范围	+	−	+

每一种传承方式都有其优势和劣势，必须根据各人的实际情况，合理搭配，才能最终实现财富经由创一代到富二代甚至到富三代、富 N 代的完美传承，创造富豪家族。

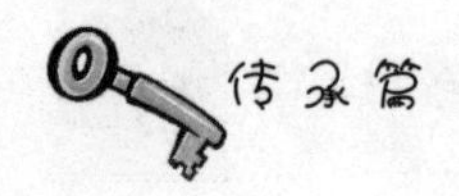

19

企业主购买人寿保险的六大理由

传承的方式有很多种，但一定不要家人对簿公堂的那一种。

2013年2月25日，北京诞生首张亿元保额的保单；5月30日，再现2亿元保单！

大保单的投保人往往是一些千万富翁乃至亿万富翁。近年来，“天价保单”已经不是文娱体育明星们的专享。随着风险意识的提升，越来越多的富裕阶层开始注意自身风险。

目前，我国市场上有关身后信托的产品发展尚不成熟，富人特别是企业家阶层不妨利用保险达到相同或相近的目的，通过这种较为灵活可控、操作透明的金融工具，帮助自身顺利实现财富的代际传承。

杨先生在最近一次的聚会中，得知朋友王老板刚刚购买了一份千万保额的人寿保险，每年需要交费几十万元。杨先生很疑惑：朋友身价和他相近，完全不用担心看病花钱的问题，就算意外身故，凭现在赚的钱，也足够老婆孩子一辈子生活无忧了，干吗费老大劲买保险呢？但杨先生凭借商人的直觉，觉得保险的功能一定有自己不了解的方面。究竟是什么呢？王老板面对杨先生的不解和困惑，没有作过多解释，而是把自己的财务顾问介绍给了杨先生。

也难怪杨先生这么自信。在事业上，杨先生绝对称得上年轻有为：35岁就已经是一家金融投资公司的老板，在某地的金融圈里颇有声望，拥有身家几千万，每年收入三四百万元。太太也同样事业有成，担任一家外企的高管，年收入五六十万元。杨先生夫妇有一个4岁的女儿。

杨先生认为，自己有着极强的抗风险能力，还要保险干什么？但他仍然和王老板推荐的财务顾问约了时间在自己的办公室面谈，就心中的疑惑与他进行了深入的交流。

财务顾问认为：对于杨先生这样的企业主来说，其财富管理主要分为财富积累、财富保护和财富分配三个渠道（见图7-1）。其中，财富积累主要依靠其事业完成。杨先生对此也表示认同。

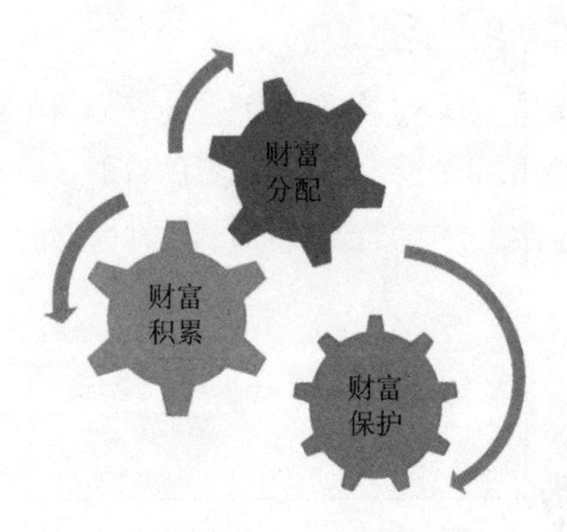

图7-1　杨先生的财务管理

而财富保护和财富分配则可通过保险来实现。具体原因，财务顾问从下面六个方面进行了阐述：

◇　财富管理中的资产保全功能。

高净值人群在财务上有着较大的自由度，即使发生重病、伤残、身故等风险，也不必为相关费用的支出过于担心，故保险的费用补偿功能对富人而言，往往可有可无。然而，一旦发生人身意外，对于企业主来说失去的不只是生命本身，也使得原本可为家人继续创造的价值无法兑现，甚至使家人丧失了继续高品质生活的物质基础。

杨先生可以通过每年30万元保费建立2000万元的保险资产，保障

他在万一丧失挣钱能力或是发生意外身故时为亲人降低损失、保全资产。这无疑是一种高效的财富保护方式。

◇　将家庭资产与企业资产进行隔离。

企业经营的风险无处不在，金融环境的动荡或是经营不善，都可能导致企业主的身家迅速缩水，今天的千万富翁也许在一夜之间就会变得一无所有。

当发生法律纠纷，资产遭到冻结甚或被拍卖时，人寿保险的保单就成为安全资产。根据《中华人民共和国保险法》的相关规定："任何单位和个人不得非法干预保险人履行赔偿或者给付保险金的义务，也不得限制被保险人或者受益人取得保险金的权利。""按照以死亡为给付保险金条件的合同所签发的保险单，未经被保险人书面同意，不得转让或者质押。"因此，被保险人领取保险金是受法律保护的，不计入资产抵债程序。

如果杨先生购买了这份保险，就等于建立了2000万元的安全资产，可以有效规避企业经营过程中的法律风险。

◇　应急现金的来源。

如果企业发生风险，当资产被冻结或被强制拍卖时，保单贷款功能还可以在关键时刻成为最好的变现工具，解决流动资金的困境，并且可以作为偿还企业贷款的应急金。如果家庭发生风险，保单贷款功能也可以产生相应的应急金，保护企业主的既定投资不被打乱。

杨先生通过每年存下30万元的保费，可以在急用钱的情况下，迅速获得应急现金，避免了平时为了对抗风险，而在账户里长期沉淀大量现金的情况，大大提高了资金使用效率和财务安全性。

◇　指定受益人继承财产。

如果企业主发生风险，在没有任何事先声明的情况下，其遗产应该由所有第一顺位继承人共同继承。这一手续非常繁杂。如果在继承过程中发生任何不确定的情况或者纠纷，则所有资产在处理和诉讼期间都将被冻结。在国内外，由于争夺遗产，一家人对簿公堂多年，导致亲人翻脸、亲情无存的例子比比皆是。保险资产通过指定受益人的方式，避免了所有纠纷，实现便捷的资产传承。

杨先生为人寿保险指定的受益人为太太和女儿，双方各占50%。这一方面保证财产按照自己的意愿进行传承；另一方面，也可以在处理其他遗产或者后期继承问题时，保障太太和女儿的生活，并支付产生的各项费用。

◇　避税资产。

目前，中国的遗产税草案已经出台。在此草案中，继承人需要先纳税才能继承遗产。对于高净值人士来说，身后如何支付这些因为大量资金和财产滞留所产生的遗产税，就成为他们需要提前进行的规划。由于其资产庞大，届时需要交纳的遗产税金也相当可观。另外，若是其身后想要将股权转移给非直系亲属，还需要按照法律交纳相应的所得税，金额同样不菲。

而人寿保险的赔偿金为避税资产，可以直接获得。因此，杨先生购买人寿保险，能将保险金作为相应的税金，协助家人顺利继承名下的资产，并为可能产生的股权转移提供相应的税金。

◇　履行对合伙人和企业的责任。

对创业型企业而言，由于创业合伙人发生风险，家人和其他合伙人无法就股权估价达成一致，最终导致企业股权过于分散、企业失败的案例比比皆是。然而，现金流短缺是所有创业期企业的通病，企业的估值往往远高于企业所能支付的回购股权的成本。

因此，企业主购买人寿保险，也能在风险发生时给家人相应的股权补偿，以帮助家人配合企业的决策，或者将股权还给其余的合伙人，从而维持正常的企业运营。

杨先生的企业主营方向为金融投资，需要极高的专业度。因此，若是发生风险，其原先持有的股权在家人手里，反而会制约企业其他合伙人的经营策略。因此，杨先生一方面为家人购买了充足的人寿保险；另一方面，也能让家人在经济无忧的情况下，配合企业经营，履行对其他合伙人和企业的责任。

由此，杨先生才终于明白，王老板为何要给自己购买这样一份高额保单了。对于自己这样的企业主来说，保险似乎已经不仅仅是保障，还是一种保障了。

最后，财务顾问针对杨先生的家庭情况，给他提供了一份保险计划：年交保费30万元，即可拥有身故保额1000万元，重疾保额100万元，意外保额1000万元。保费为20年期交，身故和重疾保障均伴随终身，意外保障至70岁。整体规划如表7-5所示。杨先生对此非常认同，并决定即刻执行。

表7-5　杨先生的保险计划

保险类型	保额/万元	保期
身故保障	1000	终身
重疾保障	100	终身
意外保障	1000	至70岁

对于企业主人群而言，人寿保险的作用已经不在于费用补偿，而是资产配置的有效工具。在风险发生时，由人寿保险产生的避税、避债的现金流，能够帮助企业主解决股权转移困局、个人财产继承困局、公司

决策困局、流动资金困局……避免在无规划的情况下，出现失财、失责、失权、失局等不利局面。

人寿保险在企业主风险规划中的作用主要包括资产保全、财富传承、节税避税、企业持续经营以及传承家族精神与文化。

另外，如果企业主在风险规划中，将人寿保险与个人遗嘱以及家族信托同时使用，可以更加全面、有效地实现相应的传承规划。

投资篇

投资，一种对财富升值的预期，诠释着人们对美好生活的真切渴望。

随着金融衍生品和金融机构不断增多，老百姓投资的选择也越来越宽，投资已经不限于股票、基金等传统金融市场，信托、有限合伙、P2P等如雨后春笋般正在蓬勃发展。

需要说明的是，投资不等于投机。投资最重要的不是预测未来，而是知道未来无法预测，但提前做好准备。

投资，是一种智慧！

20

小李养基

基金作为家庭投资中常用的配置品种，既灵活也能取得较高收益。

基金作为家庭投资中的配置品种，是实现资产保值增值的一种常用投资工具，在世界各国的家庭理财投资中都占有一席之地。所谓基金，是普通投资人间接投资证券市场的一种投资方式，由基金公司发行份额集中基民的资金，统一由托管人管理，主要用于股票、债券等金融工具的投资，基民共担风险，共享投资收益。

由于基金的品种不同，致使选择什么样的基金品种进行家庭资产配置更合适、家庭持有基金的时间安排、基金的品种如何转换以及基金获利时了结时点的选择，都成为决定基民能否赚到钱的关键因素。

2006 年，30 岁出头的李小强手头已经有些积蓄，就想学着做点投资，但一直苦于平时工作非常忙顾不上。考虑到投资基金并不需要花太多时间，直接买入就行，省心方便，当年他就抱着试试看的心态踏上了“养基”之路。最初李小强只投入了 1 万元购入了第一只“基宝宝”，没想到 2007 年的基金市场火爆异常，他也兴奋跟投，连续投入了 30 万元买入了股基、指基、混合基等不同品种。“宝宝们”长得都很健壮，投入的 30 多万元很快就有了很好的收益，小李决定这样把“基宝宝”长期养下去，从未想过还要在每年年末了解基金市场的行情和每只“基宝宝”的生长情况，更没考虑过对生长不好的“基宝宝”及时获利了结或者进行适当调换。好景不长，进入 2008 年下半年，股市行情突然跳水，基金行情也随之每况愈下，小李手中的“基宝宝”纷纷中枪生病，令他的资产严重缩水。小李身边有不少基民做了痛苦“杀基”的举动，但小李工作很忙，又不太关注养基技术，手里的“基宝宝”又不忍心“杀掉”或调换其他品种，因此就一直这样养着。

小李养基的时间屈指算来已经进入了第 8 年。单从年头看，小李就可称得上是基民中“大叔级”的专业户了。虽然他的“基宝宝”一大把，但是这几年并没有随着时间长胖，眼瞅着每年的平均收益还不如银行理财 5% ~6% 的年化收益，更别提如果当年用这些钱来买房，付个首付，现在至少能翻番了。

2013 年，在养基中受挫的小李找到基金管理的专业人士咨询，希望将手中的基宝宝进行改造。他们对小李手中“基宝宝”的建议是：基金投资要坚持长期投资的理念，但关键应定期选择“基宝宝”中的“长跑能手”。具体方法是：

◇ 控制总体数量。小李手中的基金一大把，目的是分散投资，降低风险，但并不是持有的基金越多越好。按基金的类型安排，小李将手头持有的基金数量控制在 4 ~5 只更易于管理也更合理。

◇ 合理的基金持有比例同样重要。基于兼顾流动性和长期收益的原则来考虑，小李的股票型“基宝宝”所占比例过高，年度行情不太明朗时应只保留 1 ~2 只“基宝宝”，调出资金用于增加偏债类基金的配置，提高在目前市场行情下的收益保证。关注“基宝宝”的绝对收益和与市场的相对收益并定期进行双重评价，优选出获利能力在股票市场波动中表现优异的“基宝宝”。

◇ 及时获利了结。基金近三个月、近六个月以及近一年的回报率，可以在很大程度上反映基金中长期的获利能力。将手头基金分类别按照 3 个月、6 个月、12 个月的收益与相同类别的其他基金业绩进行比对，排名靠后的手头基金应及时进行获利了结。

◇ 采用“小额投资计划”或“懒人理财”方式有技巧地调仓和购入基金。选出业绩排名在季度、半年、1 年业绩靠前的基金后，分批次、分频率进场购入。具体可采用 3 个月每月 2 次的定投方式买入，即以固定的金额（如 1000 元/月）投资到指定的基金中分批买入，放缓购买时间。例如计划在 1 日用 2000 元购买，可以改为 1 日购 1000 元，15 日购 1000 元，从而实现平抑“基宝宝”成本的目的。

◇ 及时自检并调整。基金投资是借用外脑代投资人进行众多投资标的选择，方便了像小李这样的投资人，但小李要坚持每年一次的基金业绩自检和每年一次的基金配置比例的微调。

从国内的基金品种看，常见的基金分为开放式和封闭式两种。其中开放式基金可以通过网银或者银行直接购买，而封闭式基金则须开通股票账户，像买卖股票一样购买。开放式基金又包括货币型、债券型、保本型、股票型和混和型基金。货币基金无申购赎回费，年化收益率通常在3% ~5%之间，可随时赎回。债券基金的申购费和赎回费比较低，收益通常高于货币基金，一般年终资金市场偏紧时，债券基金收益相对会高，长期收益率可达到6%左右。股票基金和混合基金的申购和赎回费最高，当二级市场的股市下跌时，亏损概率也将增大；反之，如遇股市上涨，其收益也超于其他基金品种。

21

金融投资皇冠上的明珠——PE 投资

股权投资，被誉为金融皇冠上的明珠。要发财，不可不了解它哦。

“人无股权不富”已经逐渐为现代人所公认，可是公司股权一般只有合伙人才有资格拥有，阻断了很多人通过股权致富的梦想。私募股权投资（PE）从2008年瞬间“蹿红”至今，以其高额的利润率成为独特的投资品种，甚至被称为“富人的宠儿”，越来越被人们所津津乐道。但对于普通人来说，PE究竟是什么，其盈利机制如何，又要如何防范其中的风险，这些问题成为投资PE的障碍。

李总在北京中关村经营着一家液晶显示器销售公司。20世纪90年代，在液晶显示器大换代的背景下，借助中关村的海量销售能力，李总很快成为亿万富翁。

但近十年来，李总发觉中关村电子销售企业剧增，竞争异常激烈，显示器的销售再也无法回到以前的辉煌时代。于是他开始寻找新的盈利途径。一番考察之后，他决定投资3000万的LP产品，也就是进行PE投资，希望可以在5年之后，实现超额投资收益。用李总的话来讲就是：要在跑步比赛中赢得胜利，必须学会弯道超车！

为什么PE能实现高额收益，实现“弯道超车”呢？

PE（Private Equity）即私募股权投资，从投资方式的角度来看，是指通过对未上市企业进行的股权投资，所持有的股权将来通过上市、并购或管理层回购等方式退出，从而获利。

在我国，商业组织以四种基本形式存在：独资企业、合伙企业、股份有限公司和有限责任公司。《中华人民共和国合伙企业法》明确规定：有限合伙企业由普通合伙人（GP）和有限合伙人（LP）组成，普通合伙人对合伙企业债务承担无限连带责任，有限合伙人以其认交的出资额为限对合伙企业债务承担责任。

LP在有限合伙企业中的权力是什么呢？其实就一点：出资。这家企业的控制权实际上掌握在GP手中。如果GP经营得好，那么LP可以享受分红；如果这家企业经营亏损，则LP有义务以出资为限，承担相应的亏损金额。

GP把LP的钱拿来投资原始股，然后将所投资的公司运作上市，上市后LP可以卖出所持有的原始股，获得丰厚利润。这就是PE产品的整个运作过程。

一个优秀的合伙制企业进行了精准的股权投资并成功运作上市，投资者所得到的回报是非常丰厚的。让我们来看两个实际案例。

◇ 弘毅投资先声药业。

弘毅投资管理顾问有限公司（以下简称“弘毅”）隶属于联想系，是目前国内私募股权投资的巨头，主要以合伙制基金形式进行运作，即弘毅作为GP，吸引LP投资后，进行PE投资。截至2013年年末，弘毅管理资金约450亿人民币。

2005年9月，弘毅在考察了国内100多家医药企业之后，选择参股先声药业，投资2.1亿元人民币，持有先声药业31%的股份。仅仅1年半以后，弘毅就将这家在中国内地仅居二线地位的制药企业推上了华尔街的殿堂。

2007年4月20日，先声药业成为第一个在纽交所上市的中国化学生物医药公司，成功募集资金2.61亿美元，创下了迄今为止亚洲最大规模的医药公司IPO纪录。先声药业上市后，弘毅随即套现3300万美

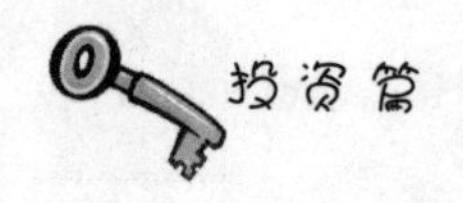

元，收回了全部投资。同时，其所持有的股权由31%降到21%。按照先声药业上市后的股价计算，弘毅所持有的剩余股权价值约2.1亿美元，这些都是纯利润。此次PE投资，弘毅在不到两年的时间内获利约600%。

◇ 高特佳投资江西博雅。

2007年12月中旬，深圳市高特佳投资集团有限公司（以下简称"高特佳"）出资1.02亿元，收购江西博雅生物制药股份有限公司（以下简称"江西博雅"）85%的股权，进行PE股权投资。

2008年，江西南昌大学第二附属医院先后有6名患者意外死亡，几名患者生前都曾注射过由江西博雅生产的静脉注射用人免疫球蛋白。国家食品药品监督管理局与卫生部接报后立即决定，暂停标志为江西博雅生物制药有限公司生产的所有批号静脉注射人免疫球蛋白的销售和使用，问题批号产品由企业尽快召回。

此事一出，投资界普遍认为高特佳亿元投资几近打水漂，85%股权不值一文。但是4年之后，高特佳居然将这家公司成功运作上市。按照博雅生物上市发行价格来看，高特佳账面收益约7倍。

从上述两个实际案例中可以看出，PE投资的特点是高风险、高盈利。因为PE投资的实质是股权投资，若所投资股权价值能够大幅度上扬，则投资人可以获取高额回报。若手中股权无人问津，则亦有可能血本无归。

PE投资在过去十年使得大量投资机构博取了高额利润，但高利润

的背后，往往是高风险。

投资PE产品，需注意以下几个问题：

◇ GP的背景是否雄厚。仅仅有钱的GP绝对找不到好的原始股，必须同时具备上市运营、增值服务、股权退出渠道的GP才值得托付资金。

◇ GP是否具有高素质的专业团队。法律、风控、财务、审核人员和行业专家，缺一不可。

◇ 资金流向是否公开、透明，投资项目是否明确可行，合同版本是否齐备。

◇ 投资基金是否受有关金融监管机构的监管和保护。

◇ GP是否建立了及时有效的信息披露制度。

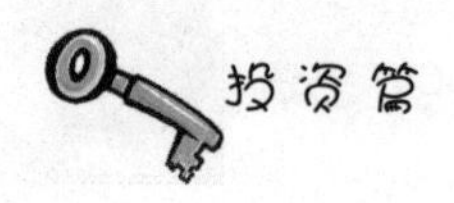

22

信托理财，稳健者远行

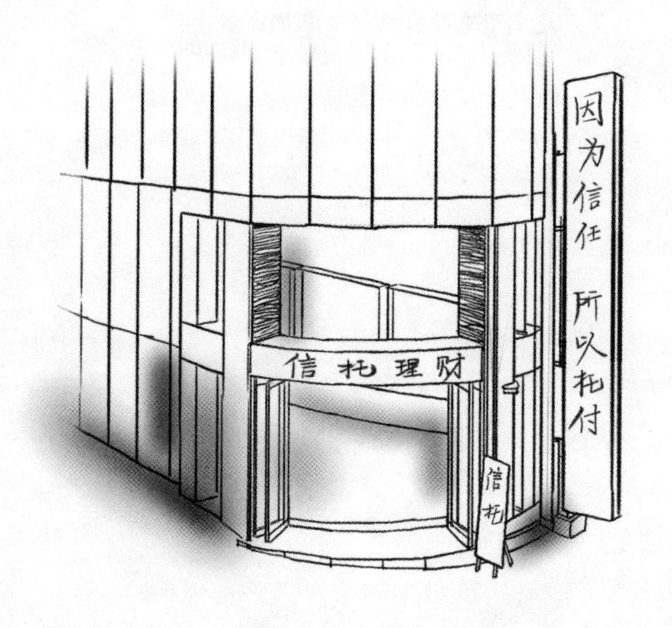

因为信任，所以托付。信托已成为富人投资的不二之选。

信托理财是受人之托，代人理财，也就是委托人将财产委托给信托公司，由其按照委托人的意愿，替他管理或处分财产。信托理财产品的投资门槛较高，一般以100万元人民币起步，属于高端理财产品，收益高、稳定性好。信托理财产品一般是资质优异、收益稳定的基础设施、优质房地产、上市公司股权质押等信托计划，大多有第三方大型实力企业为担保。

但凡是投资，就注定会有风险。市场环境、监管政策、具体操作等多种因素均可影响信托理财产品，2014年连续出现的几起信托兑付危机就向投资者敲响了警钟。

在传统实业中摸爬滚打近20年的Y先生，经过努力奋斗为自己和家人创下不菲的财富。对理财一直感兴趣的他，近些年在不断寻找实业以外的投资机会。机缘巧合，信托成了Y先生打理财富的一种重要方式。经过几轮的信托认购与到期兑付，Y先生积累了很精彩的理财经。

2007年元旦刚过，Y先生偶然得知平安信托推出了“华联回龙观”物业投资信托计划。该计划募集资金投向回龙观购物中心整幢物业，期限为2年。根据Y先生的了解，过去信托公司发行的产品大多是针对机构的，出人意料的是，这个项目面向个人客户发售，预期年收益率高达5.7%，是同期存款的2.3倍。Y先生此前并没有买过任何信托产品，多少心存疑虑，但考虑到该物业由平安置业承诺无条件以保护价回购，因此产品风险非常小。于是，他尝试性地拿出了100万元认购了该项目。结果天遂人愿，产品到期后，信托计划顺利地兑付了本金和利息。Y先生隐约觉得，信托或许是一种让财富稳健增值的好方法！

从那以后，Y先生就一直关注信托产品，寻找适合自己的项目并参与。八年来，Y先生持续投资了好几轮信托产品，每一期本金和收益都按时且足额兑付，而且近几年来收益率都超过9%，某些产品年化收益率居然达到了11%，Y先生累计投入信托的资金也突破了1000万。谈及信托，Y先生很是感慨："信托收益虽然感觉不高，不如股市那般刺激，但长期下来累积收益非常可观，而且省时省力，又非常安全，确实是一种难得的理财工具。不过，不同的信托产品也有相应的风险。选择信托产品时，也不能只看收益而不顾风险。"

在早期购买信托产品时，Y先生并没有对每个产品都仔细分析，基本上就是冲着信托公司的品牌买的。不过随着理财经验的增加，Y先生发现其实信托产品的种类非常多，有短则几个月的现金管理类，有投向股市的阳光私募类，有投资原始股的PE私募股权类，还有自己一直投资的固定收益类。而固定收益类按资金投向又可分为一般工商企业类、房地产类、矿产类、政府城投债和艺术品类等。Y先生逐渐明白了当初信托经理跟他说的那句话："信托，是富人的宠物。"

信托投资不仅范围非常广泛，几乎能满足投资者的各类偏好，同时，信托公司还可以充分发挥专业和制度的优势，做好风险的管理和产品的创新。2011年年初，Y先生比较看好股市，但又担心经济出现超预期的衰退。在一番权衡后，Y先生投资了一个结构化的信托产品。该产品投向一只基本面良好的股票定向增发，当时股市的估值水平已经很低，增发价格又对股票市价打了九折，而最终设计成信托产品时，信托公司还找来了机构投资者，出资30%认购了产品的劣后部分。这样一

来，所投股票股价即便下跌40%，Y先生认购的优先级份额仍然能够保证本金安全。同时，Y先生还可以优先获得10%的年化收益，并可以分享股价涨幅超过10%以上部分的20%。该产品在一年半后结束，虽然期间股市大幅震荡并下行，但Y先生却获得了16%的年化收益率，这让他暗自高兴了好久。

虽然信托行业十余年来都没有出现真正的风险事件，但作为金融产品，信托产品并不像客户经理说得那样安全。提起2012年10月份到期的一款信托产品，Y先生至今心有余悸。由于之前每一次认购的信托产品都安全兑付，再加上当时行业普遍认为信托产品属于刚性兑付，Y先生便认为固定收益信托都是无风险的，索性只挑收益率最高的买。当时，正好赶上一家扩张迅猛的信托公司产品，产品投向某地棚户区改造项目，预期年化收益率达到13%。这样的收益率让于先生心动不已，一举认购了500万元，而一年过后，该市出现大规模的房地产泡沫破裂，很多项目烂尾，房价暴跌且市场冷清，行业坏消息此起彼伏。虽然信托项目有土地抵押和项目公司股权质押，但当时却无法产出现金流来还款，抵押物不仅大幅贬值，更重要的是形成的不良资产无法变现，这一切让Y先生既惊又怕。好在最后时刻，信托公司出于信誉考虑，提前结束了该信托计划，并用自有资金兑付了客户的本金和收益。Y先生紧张之余，详细阅读了信托合同的每一个条款，并咨询了律师，才发现信托合同约定信托公司如无过失，投资风险完全由投资者承担，信托公司并不承诺赔偿或者承担兜底责任。

总的说来，信托产品到目前为止仍是非常好的投资选择。总结自己的多年信托理财经，Y先生列出了如下原则：

◇ 选择品牌信托公司。现在68家信托公司大致可以分为地方政府背景、央企国企背景、金融机构背景和民营企业背景三类。极端情况下股东提供资源支持的能力和意愿是不同的，Y先生最喜欢的是有央企

背景且注册地在北京、上海等经济发达区域的信托公司。首先，这些公司股东实力强，且所在地业务监管比较严格；其次，这类公司业务风格稳健，公司治理结构完善，问责制度也比较成熟，更加值得信赖；再次，这类公司合作的项目通常背景比较好，项目风险相对较低。

◇ 选择品牌融资方。不同的融资方信用水平、提供的抵押物或质押物价值、还款能力、项目管理能力等都有很大的差异。以房地产类信托为例，万科作为地产龙头，又是上市公司，运作也比较规范，发生风险的可能性就较小。反之，一些不知名的开发商在三四线开发的地产项目，即便抵押物的抵押率设置比较低，也不足以对抗房地产业的系统性风险。

◇ 关注信托资金投向。固定收益信托本质上是信贷，而在经济周期中，很多行业会因经济疲软出现严重的信用危机。比如，近几年煤炭、铁矿等项目都因资源价格下降导致销路不畅，企业面临巨大的还款压力。

◇ 研究产品的风控措施。一般说来，信托公司都会进行严格的风险评估，只有风险可控的项目才会做成产品，但有些项目出于各种原因，也有可能潜藏危机。对此，有效的补救办法就是设置各类风控措施，比如实物资产抵押、项目公司股权质押、集团担保、企业实际控制人承担无限连带责任等。当然，这些并不一定越多越好，如果融资项目还款来源可靠的情况下，投资者重点关注抵押物类型和抵押率即可。

◇ 选择专业的投资渠道。一个正规的理财机构和专业的理财顾问，对投资的安全性和产品的适合性是非常重要的。尤其是一些创新型产品和PE类产品，多听听理财顾问的分析和建议，再加上自己的经验与判断，才能保证万无一失。随着专业投顾机构的兴起，投资者应该更多地听取专业理财顾问的建议。

“稳健者远行”，这是Y先生多年来进行实业投资和信托理财的核心理念。谈及自己的理财经，他概括自己的投资风格是“不求利益最大化，但求稳健”。也正因为如此，这么多年他所选择的信托产品从没出现过实质性的问题。这绝不是幸运。

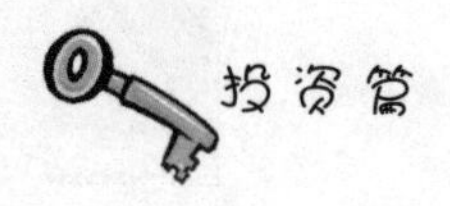

23

玩转 P2P 理财

P2P 不是“皮二皮”，而是“皮兔皮”。这一点，很重要！

23 玩转P2P理财

随着利率市场化的推进，银行、信托、基金等各种传统理财产品不断涌现，种类繁多，令人目不暇接。然而，与日益高涨的CPI相比，这些产品的收益率顿时黯然失色。以银行理财产品为例，大多数产品的预期年收益率都在5%～6%，不能完全满足居民的投资需求。与此同时，以互联网金融为首的创新金融却以灵活、高收益等优势，发展得如火如荼，赚足了市场的眼球。

P2P理财是其中发展最为迅猛的一支。自从普惠金融的思想传播开来，全国P2P企业“忽如一夜春风来，千树万树梨花开”。高收益、低门槛、灵活简便，这一系列的优势使得P2P理财产品一面世便一发而不可收。但与此相伴而生的，是众多P2P公司的纷纷跑路，投资人的血汗眨眼间“灰飞烟灭”。那么，P2P到底是什么？它真有宣传的那么高的收益吗？如何选择一款安全、稳定的P2P产品呢？

庄庄毕业于某大学自动化系，硕士学历，目前就职于一家IT公司，年薪30万元，标准小白领。庄庄的家庭条件很好，父母不求她挣钱养家，只要她自己衣食不愁就好。

庄庄能挣也能花，两年工作下来，大部分工资贡献给了房租、淘宝和携程，手里的闲钱不足10万元，能做什么呢？

投资信托产品？购房？显然钱太少。放到银行？活期存款利息很

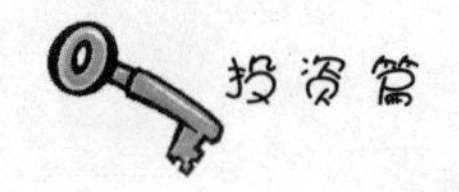

低，存一年的收益可能仅千余元，不过一顿大餐而已。投资到股市？庄庄平时工作很忙，没有时间一直盯着股市大盘看行情，一不小心就容易错过交易时机。费时费力又不确定的事情，她压根没兴趣。

最近庄庄的朋友开始喜欢上P2P互联网金融产品：首先是投资门槛低，2000元起投；其次是利息高，比同期银行存款利息高约30倍；最重要的是不用操心。

对于庄庄而言，2000元没了也就没了，几顿饭钱的事。于是，她也选择了P2P产品。当第一笔投资本息无损地收回后，她不但喜欢上了这种产品，还开始向周围的朋友和同事介绍自己的投资经验。

渐渐地，庄庄发现，P2P理财越来越火。

互联网金融P2P公司的兴起，其实抢占的是传统金融机构的蛋糕。看清P2P产品，首先要看清它在抢占什么样的传统市场，然后来分析如何辨清风险，进行投资。

让我们从实体经济出发。在实体企业运营过程中，难免会出现短期现金流紧张的状况。企业可以提前向典当行或小额贷款公司申请一笔短期资金，当现金到位以后，再归还给典当行。这种业务，称之为“倒贷”或者“过桥”。

对于企业而言，虽然要付出一定的利息成本，但是保障了现有流动资金不受影响，无需向上游供应商延迟支付货款、向下游客户催款，企业的上下游渠道都可以正常维系。对于小额贷款公司和典当行而言，因为企业资金需求时间很短，所以往往要求较高的回报利率。一般小额贷款的年回报率要求18%左右，典当行的年回报率一般要求24%左右。

很多互联网P2P平台实质上正是在抢占这一市场。典当行与小额贷款公司的资金来源是自有资金，而P2P平台则突破了这一限制，利用网络的力量，广泛吸收资金，投放给有短期需求的实体企业，赚取一定金额的回报，回馈给投资人，同时自身亦从中抽取相应的利润回报。

所以表面上来看，P2P 互联网金融是一种新颖的金融模式。但实际上，原有的市场蛋糕还是那么大，只不过传统产业遇到了互联网对手而已。但万变不离其宗，看清 P2P 互联网金融的实质，就可以明了风险在哪儿，以及如何控制风险，成功地“火中取栗”。因此，投资 P2P 金融，必须掌握以下几点：

◇ 息高必须期限短。

首先比较一下几种不同的理财方式带来的资金回报率。

* 银行存款：活期利息接近于零，定期利息一般在 3% ~5% 之间。
* 银行理财产品：一般在 5% ~7% 之间。
* 信托产品：目前投资回报率在 8% ~11%。
* P2P 互联网金融平台：12% 以上。

实际上，金融是要依附实业赚取利润的。我们来看一下对于不同的金融渠道企业所承担的融资成本。

* 银行贷款。央行目前规定的贷款基准利率为 6%，一般对于中小企业贷款都会上浮 30% 左右，约为 8%。中小企业企业贷款往往要加入担保公司担保，一般担保费为 3%。因此，银行贷款的企业成本为贷款利息 8% 加上 3% 担保费，约为 11%。目前对于这个水平的融资成本，绝大部分中小企业都可以承受。
* 信托融资。一般信托公司给予投资者的回报为 11% 左右，而信托公司一般收费为 3% ~5%。所以企业通过信托公司融资，实际成本在 16% ~18%。能够承受得起这么高的利息成本且又是大额度贷款的实体，通常为房地产企业、矿产企业或者地方债平台。
* P2P 金融平台融资。P2P 互联网金融通常给予投资者的回报为 12% ~15%，加上担保费用（约 3%）、平台费用（约 3%），

最终企业实际用款成本至少为18%，有的甚至更高。以目前传统中小企业的经营利润而言，很难承受这么高的资金成本。所以投资者需要知晓，能够长期承受这么高资金成本的企业，要么真的是自身盈利能力非常强，要么就是无奈之举，到了不得不借钱度日的境地了。这样的企业到底能不能按时还款，尚存很大的疑虑。

不要过于相信P2P互联网金融网站打出的“担保公司100%本息担保”的宣传语。对于担保公司而言，一般收费为贷款额度的3%，一旦有一笔代偿发生，则100%的额度支出背后将是巨大的亏损，因此当企业无力还款时候，担保公司也未必能够及时代偿。

因此，利息高必须期限短，这是遴选P2P互联网金融产品所需要知晓的第一道风控。对于利息高且期限长（比如一年期）的借款企业，要格外注意。

◇ 第一还款来源与第二还款来源要明确。

所有的贷款项目都有两个还款来源。一般来说，第一还款来源为借款企业的自身运营资金，第二还款来源为借款企业所提供的抵押物。

尽管P2P互联网金融平台提供的企业资料较少，但是依然能够了解企业所属的行业、贷款的用途以及还款来源，投资者可以对此加以评判。比如目前房地产企业处于宏观调控严格限制的企业，那么与房地产产业链相关的钢材贸易行业、建材装修行业应该都属于需要特别关注的行业，对于此类企业的还款能力就要多考察。

还要观察项目有无第二还款来源。企业在借款过程中往往需要提供抵押物，如果出现企业无力偿还的情况，可以通过处置抵押物的方式作为第二还款来源。房产的流通变现能力较好，因此房产抵押是最优的第二还款来源。提供了足值房产抵押的企业，其还款能力相对而言要更高。其次还有车辆抵押、股权质押、应收账款质押等，以这些作为第二还款来源的企业还款能力相对而言要差一些。

所以第一还款来源较好且能够提供房产抵押的企业，应该是优选的项目。

◇ P2P 网络平台的团队专业性。

P2P 互联网金融只是外壳，内在的实质是信贷行业，其核心成员一定是在信贷行业有过实操经验的人员，才能够有优质的项目来源渠道和充分的风险识别能力。

遴选 P2P 互联网金融平台，一定要对其运营团队多加考察。把钱借给企业很容易，到期之后，能够顺利把钱再收回来的团队才是真正的专业平台。

P2P 互联网金融用网络手段实现传统金融行业的运行模式，势必会对我国的金融产业产生深远影响。对于投资者而言，了解并知悉互联网金融的运营机理，作为一种理财手段的补充，不失为一种很好的尝试。

选择专业的 P2P 网络平台，合理控制投资额度，分散投资风险。如果手中有 10 万元投资额度，可以拿出其中的一部分尝试一下 P2P 互联网金融，体会“与狼共舞”的乐趣。

24

资产配置，尊享从容新生活

没有一种金融工具能解决所有财务问题，家庭理财的核心应该是资产配置。

每个家庭都有自己的理财经，或出于对风险的偏好，或侧重理财的目的，或限于自身的财力，或囿于有限的认知，所做出的选择定然不同。但是有一点一定适用于所有的家庭：不要把鸡蛋放在同一个篮子里。

资产配置，是将财产在不同的投资产品之间进行分配。一般来说，投资组合中不仅要有低风险、低收益的产品，也要有高风险、高收益的产品，这样才能真正实现财富保值增值的目标。

Z 女士在一家外企担任项目经理，她自数年前离异后一直单身，与独生儿子长期居住在北京。

2002 年，考虑到外企工作压力较大，以及对未来生活的担忧，Z 女士希望能够在工作之外创造一份持续性的理财收入，以从容应对未来长达几十年的退休生活。经过仔细思量，Z 女士决定以租养贷，在预留了 10 万元家庭备用金后，贷款在北京市东二环处购买了一套 210 平方米的房产。

2006 年时她因工作绩效突出，获得一笔不菲的项目奖金，Z 女士选择提前还贷。

2007 年，儿子考上军校，Z 女士也因工作压力，身体不断出现一些小状况，而此时手中的房产已大幅升值，市场价达到 6 万元/平方米，同时房租也上涨到 21000 元/月。于是 Z 女士选择辞职，依靠每月的房屋租金，实现了财务自由。

2008 年，次贷危机席卷全球，股票、黄金、房地产等各类资产价格暴跌，中国房地产也在一片调控声中进入调整期。因为 Z 女士的投资性房产位置较佳，家庭财富并没有受到多大影响，但她也目睹了身边朋友们在这次危机中的困境，于是对自身理财进行了更深入和长远的思考。

一天，Z 女士在咖啡厅约见了一位理财师朋友。在介绍完上述情况后，Z 女士迫切想知道自己现在的理财方式是否正确，将来又应该如何应对危机。

理财师朋友告诉她，虽然 Z 女士的房产从常规上看既安全又有很好的现金流，不需要太多精力打理，而且作为看得见摸得着的不动产，还能给她巨大的心理安全感，但如果从资产的安全性、灵活性、收益性、规划性以及管理成本五个指标上综合来看，现状仍有许多不足，可以有更好的安排。

◇　安全性。影响房产安全的因素有很多，比如地缘政治风险、极端自然灾害、他人过失或故意破坏、信贷周期性泡沫破裂等，会导致房产灭失或价值大幅下降。对 Z 女士来说，现在房产可能存在的风险，一是租客过失所带来的火灾风险，二是中国房地产业泡沫化的风险。

◇　灵活性。投资性房产在经济萧条期或衰退期，是一种流动性极差的资产。因为此时投资者手中的资金极度稀缺，在投资上也会变得更加保守，具体表现在楼市上为房价下跌，租金中断或下降，出售也变得很困难。对 Z 女士的家庭来说，一是儿子尚在读书，也许会选择继续深造，那就需要资金支持；二是母子二人均没有完善的医疗保障，一旦罹患重大疾病，缺乏及时高额的现金支持；三是如果房屋出现空租期，会严重影响 Z 女士的生活。

◇　收益性。房产的收益由两部分构成，一是房屋本身的价格上

涨，二是租金收益。中国房地产经过快速上涨的十年，总价已经非常高，而且限购政策和房贷的收缩，极大地减少了可购买人群的数量，尤其是对于像Z女士所有的大户型房产。Z女士现在的房屋市值约1300万元，但仅有25.2万元的年租金，即便不考虑各种维护成本，房产每年的租金收益率也只有1.94%。如果每平方米价格每年不能上涨5000元，房产总体收益率都不能超过8%。

◇　规划性。当家庭财富到了一定规模，理财必经的一个程序就是财富传承。从Z女士的实际情况看，将来大部分财产都会留给儿子，在此过程中就要提前考虑传承方式以及传承时机。税制、产权、控制权、子女财富管理能力等因素都可能导致在传承时出现问题。房产作为实物资产，难以分割与转移，既不便于节税，也容易受子女婚变、管理能力不足等因素影响，历来都不是优质的传承资产。

◇　管理成本。随着时间的推移，中国的房产税、物业税、利得税等财产税种将陆续开征，这势必影响房价走势及持有成本。同时房屋本身会不断破旧损毁，出租房还涉及内部家居的维修更换，以及不断更换租客的麻烦，这都会给Z女士的老年生活带来很多精力及财力的消耗。

进行了以上分析之后，理财师为Z女士提出了几条建议，让她一步步地转变理财方式，构建合理的理财组合。

第一步：减持房产。

虽然卖房是个艰难的抉择，但Z女士对宏观经济一直保持关注，长期的工作经验也令她明白此举的合理性，所以很快就下定决心出售。在历经4个月的多次看房后，终于以1250万元卖掉了房子。

第二步：转换资产。

（1）安排生活费。为了得到安全、稳定且持续的生活费用，理财师建议Z女士配置保险年金150万元和固定收益类信托150万元。其中保险年金为固定返还型，收益率长期稳定在5%左右，每年在不动用本金的前提下，可逐年领取 7.5 万元，本金可以择机取出或临终时由儿子继承。信托则选择了业内以稳健著称的某信托公司产品，预期年化收益率为 10%，2 年期，每半年付息一次，每年可领取 15 万元。即便考虑到未来理财环境的变化，这样也可以轻松实现年收入 18 万元以上，足以解决每月的生活之需。

（2）准备医疗金。鉴于 Z 女士母子均只有常规的社保，理财师为其各增加了一份高端医疗险。该医疗险报销额度为 100 万元，保障范围不限住院还是门诊，医院不限公立私立，用药不限社保目录，在保障限额内均能报销，而且可直接结算，无需自行垫付现金，母子二人合计交纳保费每年 1.2 万元。此份保障可以有效地应对家人的医疗风险，且家庭也不用准备大笔的医疗金来应急，有效盘活了家庭储蓄类资产。

（3）购置养老房产。Z 女士未来还有很长的养老住房需要，而且手中持有房产既可以增强安全感，也可以避免房价大幅上涨的损失，所以理财师建议她在环境幽雅的京郊公园附近全款购置一套精装修房产。房屋位处一层，附送了小花园，这也为 Z 女士的养老生活平添几分乐趣。

（4）进行股权投资。为实现总体资产收益率的提升，Z 女士在和理财顾问反复探讨之后，认为次贷危机后中国 PE 行业迎来投资机会。经谨慎选择后，张女士选择了一家业内著名的信托系 PE，希望经过 5～7 年的时间，获得年化收益率 20% 的投资绩效。

（5）准备家庭应急基金。Z 女士把卖房款妥善安排后，将剩余的几十万元作为家庭应急金储备。其中大部分资金购买了货币基金，少部分以银行短期理财的形式打理。

经过长达一年时间的梳理，Z 女士终于把单一的房产转换成多元化的资产组合，不仅为其提供了安全可靠的现金流以满足生活支出，建立了高额的品质医疗保障，解决了退休生活中的生态住房需要，而且令自己的资产类型横跨多个市场，在有效提升收益率的同时也平抑了单一房

产的市场风险。这些资产大多是金融资产和自用型资产，也比较容易管理与传承。Z女士坦言，现在生活少了几许焦虑，变得更加从容，实现了真正意义上的财务自由！

财富管理的过程，不仅是对金钱的打理，更是对生活的安排。有效的理财不仅要求好的创意，更重在执行，以及与时俱进的调整。只有预见未来，未来才能为我们而来！